EUL VERLAG

MARKETING

Herausgegeben von Prof. Dr. Heribert Gierl, Augsburg, Prof. Dr. Roland Helm, Jena, Prof. Dr. Frank Huber, Mainz, und Prof. Dr. Henrik Sattler, Hamburg

Band 39
Frank Huber, Stefanie Regier und Jan Schikofsky
Neue Dimensionen für die Markenführung – Management von Modemarken in virtuellen Welten
Lohmar – Köln 2009 • 160 S. • € 47,- (D) • ISBN 978-3-89936-782-9

Band 40
Thomas Hegenbart
Kundenverhalten bei Nichtverfügbarkeit von Artikeln im Einzelhandel
Lohmar – Köln 2009 • 252 S. • € 57,- (D) • ISBN 978-3-89936-787-4

Band 41
Oliver Mauroner
Vermarktung von Innovationen durch Spin-offs – Empirische Analyse von Unternehmensgründungen aus der öffentlichen Forschung
Lohmar – Köln 2009 • 336 S. • € 63,- (D) • ISBN 978-3-89936-797-3

Band 42
Frank Huber, Frederik Meyer, Johannes Vogel und Julia Zimmermann
Co-Branding als Konzept zur Stärkung von Marken – Eine empirische Analyse im Konsumgütermarkt
Lohmar – Köln 2009 • 208 S. • € 49,- (D) • ISBN 978-3-89936-798-0

Band 43
Frank Huber, Johannes Vogel, Isabel Matthes und Sören Köcher
Der paralysierte Konsument – Eine empirische Studie zur Unentschlossenheit bei der Wahl von Mobilfunktarifen
Lohmar – Köln 2009 • 148 S. • € 43,- (D) • ISBN 978-3-89936-829-1

Band 44
Frank Huber, Frederik Meyer und Corinna Nachtigall
Guerilla-Marketing als kreative Werbeform – Eine empirische Analyse am Beispiel der Marke MINI
Lohmar – Köln 2009 • 148 S. • € 43,- (D) • ISBN 978-3-89936-837-6

JOSEF EUL VERLAG

Reihe: Marketing · Band 44

Herausgegeben von Prof. Dr. Heribert Gierl, Augsburg, Prof. Dr. Roland Helm, Jena, Prof. Dr. Frank Huber, Mainz, und Prof. Dr. Henrik Sattler, Hamburg

Prof. Dr. Frank Huber
Frederik Meyer
und Corinna Nachtigall

Guerilla-Marketing als kreative Werbeform

Eine empirische Analyse am Beispiel der Marke MINI

EUL VERLAG

Bibliografische Information der Deutschen Nationalbibliothek

Die Deutsche Nationalbibliothek verzeichnet diese Publikation in der Deutschen Nationalbibliografie; detaillierte bibliografische Daten sind im Internet über <http://dnb.d-nb.de> abrufbar.

ISBN 978-3-89936-837-6
1. Auflage August 2009

JOSEF EUL VERLAG GmbH
Brandsberg 6
53797 Lohmar
Tel.: 0 22 05 / 90 10 6-6
Fax: 0 22 05 / 90 10 6-88
E-Mail: info@eul-verlag.de
http://www.eul-verlag.de

Bei der Herstellung unserer Bücher möchten wir die Umwelt schonen. Dieses Buch ist daher auf säurefreiem, 100% chlorfrei gebleichtem, alterungsbeständigem Papier nach DIN 6738 gedruckt.

Vorwort

Der Kampf der Unternehmen um die Aufmerksamkeit der Konsumenten wird immer härter. Zum einen steigt die Anzahl der Werbetreibenden ständig an, zum anderen nimmt der Werbedruck über sämtliche Kommunikationskanäle durch die ohnehin schon aktiven Akteure stetig zu, so dass das Potenzial der klassischen Werbung zur Aktivierung potenzieller Kunden kaum mehr vorhanden ist. Mehr als 1500 Werbebotschaften hat jeder Konsument täglich zu verarbeiten – kein Wunder also, dass dieser immer stärker selektiert oder aber völlig immun gegenüber Werbung ist. Dies zeigt sich im mittlerweile gängigen Zapping-Verhalten in den Werbepausen, Verbotsschildern an Briefkästen und Filtern für Popups im Internet.

Demnach sind zunehmend innovative und stärker individualisierte Formen der Kommunikation gefragt. Diese so genannten Below-the-Line-Instrumente setzen auf eine gezielte Kundenansprache, Medien der Individualkommunikation, einen hohen Grad an Zielgruppenpassung sowie eine vielmehr unterschwellige und nur mittelbare Werbe-konfrontation. Neben solch prominenten Vertretern dieser Kommunikation wie z. B. Sponsoring oder Product Placement, ist das Guerilla-Marketing mittlerweile immer häufiger zu beobachten. Guerilla-Marketing setzt auf den Überraschungseffekt, um sich von den Konkurrenzangeboten zu differenzieren und Aufmerksamkeit zu generieren. Eine zentrale Rolle für den Erfolg von Guerilla-Kommunikation kommt der Kreativität zu, denn das Unerwartete ist die Quelle des Erfolgs solcher Kampagnen.

Trotz der unverkennbaren Potentiale liegen zum Phänomen Guerilla-Marketing bislang kaum empirische Erkenntnisse vor, anstelle dessen beschränken sich die Bemühungen bislang auf theoretische Abhandlungen. Mit dem vorliegenden Buch möchten die Autoren diesem Defizit entgegen wirken, indem ein Modell zur Erklärung der Wirkweise von Guerilla-Marketing konstruiert und empirisch überprüft wird. Die Ergebnisse liefern hochinteressante Erkenntnisse für Markenverantwortliche in der Praxis wie auch für die Forschungsgemeinde. Anhand der vorliegenden Befunde werden darüber hinaus konkrete Handlungsempfehlungen für Theorie und Praxis abgeleitet.

Mainz im Juli 2009

Frank Huber
Frederik Meyer
Corinna Nachtigall

Inhaltsverzeichnis

Abbildungsverzeichnis

Tabellenverzeichnis

Abkürzungsverzeichnis

A_{ad}	Einstellung gegenüber der Werbung
A_b	Einstellung gegenüber der Marke
bzw.	beziehungsweise
C_{ad}	werbebezogene Kognitionen
C_b	markenbezogene Kognitionen
DEV	durchschnittlich erfasste Varianz
d.h.	das heißt
ELM	Elaboration-Likelihood-Modell
f., ff.	folgende, fortfolgende
Hrsg.	Herausgeber
I_b	Kaufabsicht
Jg.	Jahrgang
LISREL	Linear Structural Relationship
No.	Nummer
PLS	Partial Least Squares
S.	Seite
SOR	Stimulus-Organism-Response
SPSS	Statistical Package of Social Science
SR	Stimulus-Response
u.a.	unter anderem
Vgl.	Vergleiche
VIF	Variance Inflation Factor
Vol.	Volume

1 Zur Relevanz von Guerilla-Marketing-Wirkungsforschung

Vor dem Hintergrund qualitativ ausgereifter und funktional austauschbarer Produkte, wird der Wettbewerb in zahlreichen Märkten und damit der Kampf um die knappe Ressource Aufmerksamkeit zunehmend schärfer.[1] Um aus dem Schattendasein der unzähligen Produkte hervorzutreten und gezielte Aufmerksamkeit bei den Konsumenten zu erreichen, verlassen sich viele Unternehmen weiterhin auf das klassische Marketing und erhöhen mehr und mehr den Werbedruck.[2] Das exponentielle Wachstum des Medienangebots hat dazu geführt, dass die Konsumenten heutzutage mit täglich mehr als 1500 Werbebotschaften konfrontiert werden.[3] Gleichzeitig scheinen die Potentiale der klassischen Werbung jedoch ausgeschöpft, denn Aufmerksamkeit und Interesse werden, auch bei einem hohen Werbedruck, nur noch selten erregt. Die werbeübersättigten Konsumenten beantworten die Informations- und Medienflut mit Zapping in den Werbepausen im Fernsehen, Verbotsschildern an Briefkästen und Filtern für Popups im Internet.[4]

Durch die abnehmende Wirksamkeit der klassischen Kommunikationsinstrumente (*Above-the-Line*), wie Printanzeigen oder TV- und Funkspots, entstehen zunehmend innovative, stärker individualisierte Formen der Kommunikation, denen über eine höhere Aufmerksamkeitswirkung deutliche Effizienzsteigerungen zugesprochen werden.[5] Diese so genannten *Below-the-Line*-Instrumente setzen im Gegensatz zur klassischen Werbung auf eine gezielte Kundenansprache, Medien der Individualkommunikation, einen hohen Grad an Zielgruppenpassung sowie eine vielmehr unterschwellige und nur mittelbare Werbekonfrontation.[6] Neben mittlerweile etablierten *Below-the-Line*-Instrumenten wie Direktmarketing, PR-Kampagnen, Sponsoring, Event-Marketing oder Product Placement zeigt ein weiteres, bislang in Deutschland nur zurückhaltend eingesetztes Instrument großes Potential im Kampf um die Aufmerksamkeit der werbeübersättigten Konsumenten.[7] Guerilla-Marketing setzt auf den Überraschungseffekt, auf Aktionen, mit denen niemand rechnet und bietet den Unternehmen darüber die Chance sich von den Konkurrenzangeboten zu differenzieren und gezielte Aufmerksamkeit zu generieren.[8] „Guerilla-Marketing bezeichnet die Philosophie des Außergewöhn-

[1] Vgl. Jäckel (2007), S. 3; Petri (1992), S. 1; Woll (1997), S. 16.
[2] Vgl. Zerr (2005), S. 465f.
[3] Vgl. Zerr (2005), S. 465f.
[4] Vgl. Patalas (2006), S. 43.
[5] Vgl. Auer/Diederichs (1993), S. 9; Zerr (2005), S. 466.
[6] Vgl. Bruhn (1995), S. 34; Reinhard (2007), S. 22; Tomczek/Müller/Müller (1995), S. 15.
[7] Vgl. Kimmel (2005), S. 2.
[8] Vgl. Auer/Diederichs (1993), S. 201; Zerr (2005), S. 466.

lichen und die Auswahl unkonventioneller und überraschender Marketingaktivitäten, die mit einem geringen Budget eine möglichst große Wirkung erzielen sollen“.[9]

Trotz der unverkennbaren Potentiale wurde das Phänomen Guerilla-Marketing bislang wissenschaftlich nur unzureichend behandelt. Die vorhandenen Forschungsaktivitäten gehen über rein praxeologische Abhandlungen nicht hinaus, sodass vor allem ein Mangel an empirischen Beiträgen über die Wirkweise des Guerilla-Marketing zu verzeichnen ist. Um diesem Defizit entgegenzuwirken, besteht das zentrale Anliegen dieser Schrift in der Identifikation derjenigen Faktoren, von denen der Erfolg einer Guerilla-Marketing-Kampagne ab-hängt. Zudem gilt es, den Unternehmen, über die Analyse der Wirkungsweise des Guerilla-Marketing hinaus, Methoden zur Wirkungskontrolle zur Verfügung zu stellen sowie Implikationen für die Marketingpraxis und -forschung abzuleiten.

In Kapitel 2 werden zu diesem Zweck die relevanten Grundlagen des Phänomens Guerilla-Marketing vorgestellt. Anschließend erfolgt eine Diskussion ausgewählter Modelle der Werbewirkungsforschung. Darauf aufbauend wird in Kapitel drei ein Modell zur Untersuchung der Wirkung von Guerilla-Marketing-Aktionen entwickelt. Gleich den Stufenmodellen der Werbewirkungsforschung erfolgen mit der Kreativität der Guerilla-Marketing-Aktion zunächst *kognitive*, dann mit den emotionalen Reaktionen und den Einstellungen *affektive* und schließlich mit den beiden Verhaltensintentionen Kaufabsicht und Word-of-Mouth-Absicht *konative* Wirkungen. Kapitel vier widmet sich der empirischen Überprüfung des postulierten Untersuchungsmodells, dargestellt am Beispiel einer Guerilla-Marketing-Aktion der Automobilmarke MINI. Nach der Beurteilung der Güte des Modells, der Prüfung der Hypothesen auf Signifikanz und Untersuchung der Einflüsse der beiden betrachteten moderierenden Variablen Stimmungslage und Geschlecht auf die Form und Stärke der Konstruktzusammenhänge, werden die Ergebnisse interpretiert und Implikationen für die Marketingforschung und -praxis abgeleitet. In Kapitel fünf werden schließlich die zentralen Ergebnisse der Studie zusammengefasst sowie die bedeutendsten Handlungsempfehlungen aufgezeigt.

[9] Schminke/Koch/Reimuth (2007), S. 36.

2 Konzeptionelle Grundlagen zum Guerilla-Marketing und zur Werbeforschung

2.1 Grundlagen zum Guerilla-Marketing

2.1.1 Begriff des Guerilla-Marketing

Die Wurzeln des Begriffs Guerilla liegen im spanischen Unabhängigkeitskrieg zu Beginn des 19. Jahrhunderts. Nach dem Sieg der Truppen Napoleons über die reguläre spanische Armee, bildeten sich kleine, irreguläre Verbände, die sich auf subversive und kämpferische Art gegen die größenmäßig weit überlegenen Truppen Napoleons auflehnten.[10] Als Verkleinerungsform des spanischen Wortes *Guerra* (Krieg) bedeutet *Guerrilla*[11] übersetzt soviel wie Kleinkrieg oder Partisanenkampf.[12] In der Geschichte meist von kleineren Gruppen oder irregulären Armeen eingesetzt, um auf unkonventionelle Art und Weise gegen eine größenmäßig und technisch überlegene Armee oder Besatzungsmacht anzukämpfen,[13] wurde die Guerilla Taktik vor allem durch den Widerstandskämpfer und Revolutionär Ernesto Che Guevara während der kubanischen Revolution in den 50er Jahren geprägt.[14] Guevara beschreibt die Guerilla Taktik dabei folgendermaßen: Sieg über den Feind als ultimatives Ziel – gezielte Angriffe mit variablen Mitteln und Methoden – Einsatz von Überraschungseffekten – Schnelligkeit – Beweglichkeit – taktische Flexibilität – Täuschung und Kampf aus dem Hinterhalt.[15]

Die Übertragung der charakteristischen Eigenschaften der Guerilla Taktik auf das Marketing erfolgte Mitte der 60er Jahre in den USA als Antwort auf den Wandel vom Verkäufer- zum Käufermarkt.[16] Insbesondere für ressourcenarme, kleine und mittelständische Unternehmen konzipiert, die vor der Herausforderung standen sich erfolgreich von der Konkurrenz abzugrenzen und sich am Markt neben den größeren Unternehmen zu positionieren,[17] setzt das Guerilla-Marketing neben den klassischen Erfolgsgrößen Kapitalstärke, Marktmacht und Größe, vor allem auf Eigenschaften wie Flexibilität, Unkonventionalität, Kreativität und Einfallsreichtum.[18]

[10] Vgl. Schulte (2007), S. 28.
[11] Spanische Schreibweise.
[12] Vgl. Schulte (2007), S. 28; Toedter (2006), S. 11; Zerr (2005), S. 465.
[13] Vgl. Jäckel (2007), S. 3; Schulte (2007), S. 28.
[14] Vgl. Toedter (2006), S. 11.
[15] Vgl. Guevara (1990), S. 68ff.
[16] Vgl. Garber (2002), S. 84; Kanbach (2007), S. 27; Schulte (2007), S. 18.
[17] Vgl. Garber (2002), S. 84; Jäckel (2007), S. 4; Zerr (2005), S. 466.
[18] Vgl. Schulte (2007), S. 18.

Breite Aufmerksamkeit hat das Guerilla-Marketing-Konzept in den 80er Jahren durch den amerikanischen Marketingexperten *Jay Conrad Levinson* erlangt,[19] der im Guerilla-Marketing eine Möglichkeit für kleine und mittelständische Unternehmen sieht, konventionelle Marketingziele mit unkonventionellen Mitteln zu erreichen.[20] Guerilla-Marketing nach *Levinson* setzt auf kreative Ideen, Ausdauer, Individualität und vor allem Kundennähe.[21]

Neben *Levinson* gelten vor allem *Philip Kotler* und *Friedhelm Bliemel* sowie die beiden Marketingexperten *Al Ries* und *Jack Trout* als zentrale Vertreter des Guerilla-Marketing. *Kotler* und *Bliemel* sehen im Guerilla-Marketing eine konkurrenzgerichtete, subversive und destruktive Angriffsstrategie, die vor allem von kleinen Unternehmen mit geringem Budget verfolgt wird. Das angreifende Unternehmen zielt primär auf die Sicherung der eigenen Marktstellung, die Gewinnung von Marktanteilen sowie die prinzipielle Behinderung und Demoralisierung der Konkurrenz.[22] Im Gegensatz dazu verstehen *Ries* und *Trout* Guerilla-Marketing vielmehr als innovative, flexible und konstruktive strategische Option zur Besetzung und Verteidigung einer Marktnische.[23] Den beiden Autoren zufolge basiert erfolgreiches Guerilla-Marketing auf drei Hauptprinzipien. Neben der Identifikation einer Marktnische, die so klein ist, dass sie mit den eigenen, begrenzten finanziellen Mitteln verteidigt werden kann, hat das Unternehmen auf eine schlanke Organisationsstruktur zu achten. Letzteres spart einerseits Kosten, trägt aber vor allem zu einer schnellen Reaktionsfähigkeit auf marktbezogene Veränderungen bei. Das dritte zentrale Prinzip liegt in der hohen Flexibilität des Unternehmens. Nur so können die Unternehmensressourcen schnell in aussichtsreichere Betätigungsfelder gelenkt werden.[24]

Wie die Entwicklung des Guerilla-Marketings erkennen lässt, wurden bei der Übertragung der charakteristischen Eigenschaften der Guerilla-Taktik in die Marketing-Terminologie recht unterschiedliche Schwerpunkte gesetzt. So wird Guerilla-Marketing einmal als defensive und nur indirekt kämpferische Nischenstrategie und ein anderes Mal als eine auf die Konkurrenz gerichtete, destruktive Angriffsstrategie angesehen. Da inzwischen nicht mehr das *Antimarketing*, sondern vielmehr überraschende, unkonventionelle, kreative, ansteckende und gleich-

[19] Vgl. Jäckel (2007), S. 3.
[20] Vgl. Levinson (1984), S. 2.
[21] Vgl. Welling (2005), S. 7f.
[22] Vgl. Kotler/Bliemel (2001), S. 701ff.; Meffert (2000), S. 282.
[23] Vgl. Ries/Trout (1986), S. 101ff.
[24] Vgl. Schulte (2007), S. 33f.

zeitig kostengünstige Aktionen im Vordergrund stehen,[25] orientiert sich das Begriffsverständnis des vorliegenden Buches an der Definition von *Schulte*. Er beschreibt Guerilla-Marketing als „die Kunst, den von Werbung und Marketing übersättigten Konsumenten, größtmögliche Aufmerksamkeit durch unkonventionelles bzw. originelles Marketing zu entlocken. Dazu ist es notwendig, dass sich der Guerilla Marketeer möglichst (aber nicht zwingend) außerhalb der klassischen Werbekanäle und Marketing-Traditionen bewegt".[26]

Ursprünglich für ressourcenarme, kleine und mittelständische Unternehmen konzipiert, haben die mangelnde Akzeptanz der Konsumenten gegenüber der konventionellen, klassischen Werbung und die zunehmende Reizüberflutung dazu geführt, dass mehr und mehr Global Player, wie beispielsweise BMW oder PUMA, die Guerilla-Philosophie zur Profilierung ihrer Marken einsetzen.[27] „Guerilla-Marketing hat sich zu einer Marketing-Mix übergreifenden Basisstrategie, einer marketingpolitischen Grundhaltung der Marktbearbeitung entwickelt, die außerhalb der eingefahrenen Wege bewusst nach neuen, unkonventionellen [...] Möglichkeiten des Instrumentaleinsatzes sucht".[28]

2.1.2 Prinzipien des Guerilla-Marketing

Guerilla-Marketing basiert auf den Grundsätzen des Guerilla-Kampfes. Unabhängig vom verwendeten Werbeträger und -mittel identifiziert *Zerr* mit der Auslösung von Überraschung bei den Rezipienten, der Infragestellung etablierter Werte und der epidemischen Verbreitung der Werbebotschaften, drei zentrale Prinzipien des Guerilla-Marketings.[29]

Guerilla-Marketing ist *überraschend*. Guerilla-Marketing setzt auf den Überraschungseffekt, auf Aktionen, die die Wahrnehmung vor eine unerwartete Aufgabe stellen und darüber die Aufmerksamkeit der werbeübersättigten Konsumenten gewinnen.[30] Durch den zielgerichteten Einsatz kreativer, unkonventioneller Marketingaktivitäten sollen AHA-/WOW-Effekte ausgelöst und emotionale Mehrwerte geschaffen werden.[31] Je weniger eine Guerilla-Marketing-Aktion mit den Erwartungen an die beworbene Produktkategorie übereinstimmt, umso wahr-

[25] Vgl. Garber (2002), S. 82; Schulte (2007), S. 17.
[26] Schulte (2007), S. 11.
[27] Vgl. Garber (2002), S. 84; Reinhard (2007), S. 25; Werle (2001), S. 15; Zerr (2005), S. 465.
[28] Zerr (2005), S. 465.
[29] Vgl. Zerr (2005), S. 467ff.
[30] Vgl. Kuttelwascher (2006), S. 32; Schulte (2007), S. 11; Zerr (2005), S. 467.
[31] Vgl. Carls (2007), S. 14f.; Ehlert/Neumann (2006), S. 70; Patalas (2006), S. 48; Schminke/Koch/Reimuth (2007), S. 36; Zerr (2005), S. 467.

scheinlicher ist einerseits eine intensive Auseinandersetzung der Rezipienten mit der präsentierten Werbebotschaft und darüber eine nachhaltige Verankerung des dargebotenen Informationsangebots in den Köpfen der Konsumenten[32] und andererseits die Verbreitung der Botschaft durch Presse, Medien sowie Mundpropaganda.[33] Ein Beispiel für eine Marke, die immer wieder auf unerwartete, überraschende und aufmerksamkeitsstarke Marketingmaßnahmen setzt, ist die Marke MINI des Automobilherstellers BMW. So wurde der MINI zur Einführung in den USA zwischen den Besuchern eines Basketballspiels in den Zuschauerrängen platziert, anstatt eines Bildes auf eine Plakatwand geklebt oder als Spielzeugauto verpackt in einer Fußgängerzone aufgestellt.[34]

Guerilla-Marketing ist *rebellisch*. Guerilla-Marketing-Aktionen zielen darauf, die etablierten Werte und Funktionsweisen der klassischen Werbung in Frage zu stellen sowie die Werte der Konkurrenz zu destabilisieren.[35] Ein Beispiel hierfür liefert das Sportartikelunternehmen PUMA. So trug der britische Sprinter *Linford Christie* auf der Pressekonferenz nach seinem Sieg bei den Olympischen Spielen 1996 in Atlanta Kontaktlinsen mit dem Logo der Firma PUMA. Das Brisante dabei, der offizieller Sponsor der Olympischen Spiele war Hauptkonkurrent Adidas.[36]

Guerilla-Marketing ist *ansteckend*. Guerilla-Marketing Aktionen setzen auf das Prinzip der selbstständigen und eigendynamischen Verbreitung der Werbebotschaften. Während konventionelle Kommunikationsinstrumente auf einen hohen Werbedruck zur nachhaltigen Verankerung der Botschaften in den Köpfen der Konsumenten setzen,[37] verlieren Guerilla-Marketing-Aktionen den Reiz des Außergewöhnlichen, wenn sie wiederholt durchgeführt werden.[38] Um eine nachhaltige Wirkung zu erzielen, müssen Guerilla-Marketing-Aktionen so originell, unerwartet und aufmerksamkeitsstark sein, dass sie sich auf Anhieb herumsprechen. Dabei setzen die Guerilleros auf Multiplikatoren wie die vorab informierte Presse und Passanten. Durch die resultierende exponentielle Reichweitenerhöhung lassen sich gegenüber der konventionellen Werbung deutliche Effizienzsteigerungen erreichen.[39] Ein bekanntes Beispiel in

[32] Vgl. hierzu die Ausführungen zur Schematheorie in Abschnitt 3.1.2.
[33] Vgl. Zerr (2005), S. 467.
[34] Vgl. Pradel/Schulte (2004), S. 85f.
[35] Vgl. Zerr (2005), S. 468.
[36] Vgl. Pradel/Schulte (2004), S. 93.
[37] Vgl. Zerr (2005), S. 469.
[38] Vgl. Kanbach (2007), S. 50; Toedter (2006), S. 66; Zerr (2005), S. 472.
[39] Vgl. Zerr (2005), S. 469.

diesem Zusammenhang ist das von der Whiskey-Marke Johnnie Walker 1999 als Werbemaßnahme in Umlauf gebrachte Onlinespiel *Moorhuhnjagd*. Das Spiel wurde innerhalb eines Jahres 40 Millionen Mal heruntergeladen.[40]

2.1.3 Instrumente des Guerilla-Marketing

In der Praxis wird das Guerilla-Marketing unter Einsatz verschiedenster Instrumente umgesetzt. Die Guerilla-Philosophie nimmt Einfluss alle vier Instrumente des Marketing-Mix. So basieren Guerilla-Marketing-Aktionen auf kommunikations-, preis-, produkt- und distributionspolitischen Entscheidungen. Da der weitaus größte Teil der Guerilla Aktionen als Kommunikationsmaßnahme geplant und eingesetzt wird,[41] konzentrieren sich die folgenden Ausführungen auf die vier am häufigsten im Zusammenhang mit Praxiskampagnen und in Marketingpublikationen anzutreffenden kommunikationsbasierten Guerilla-Marketing-Instrumente Viral Marketing, Ambush Marketing, Ambient Media sowie Sensation Marketing.

Viral Marketing. Gleich der epidemischen Verbreitung biologischer Viren zielt das Viral Marketing[42] auf die eigendynamische und exponentielle Verbreitung der Werbebotschaften.[43] „Virales Marketing ist die geplante und gezielte Stimulation von Kommunikation in sozialen Netzwerken, von Mund zu Mund, von Maus zu Maus oder von Mobile zu Mobile“,[44] wobei dem Internet als besonders schnellem Verbreitungsmedium die größte Bedeutung zukommt.[45] Um virales Marketing zu betreiben sind Kommunikationsinhalte gefragt, die so interessant, einzigartig, ungewöhnlich, witzig oder spannend sind, dass sie den Meinungsaustausch der Konsumenten stimulieren.[46] Mit einem minimalen finanziellen Aufwand werden die Konsumenten so zu kostenlosen Werbeträgern für das Unternehmen.[47]

Ambush Marketing. Der Begriff *ambush* kommt aus dem Englischen und bedeutet übersetzt soviel wie Hinterhalt bzw. Angriff aus dem Hinterhalt.[48] Übertragen auf das Marketing, geht es beim Ambush Marketing, das auch als Trittbrettfahrer-Marketing oder Parasiten-Marketing

---

[40] Vgl. Schminke/Koch/Reimuth (2007), S. 37.
[41] Vgl. Jäckel (2007), S. 5; Reinhard (2007), S. 27; Schulte (2007), S. 21.
[42] Viral Marketing wird in der Literatur u.a. auch als Buzz Marketing, Word-of-Mouth-Marketing oder Tell-a-Friend Marketing bezeichnet.
[43] Vgl. Carls (2007), S. 15; Schulte (2007), S. 58.
[44] Schulte/Pradel (2006), S. 52.
[45] Vgl. Schulte (2007), S. 58f.
[46] Vgl. Toedter (2006), S. 44.
[47] Vgl. Dye (2000), S. 140f.
[48] Vgl. Förster/Kreuz (2006), S. 51; Schulte (2007), S. 74; Toedter (2006), S. 29.

bezeichnet wird,[49] um den gezielten Angriff der Wettbewerber.[50] Ambush Marketeer machen sich die mediale Aufmerksamkeit von Großveranstaltungen, wie beispielsweise den olympischen Spielen 2008 in China, zu nutze, ohne selbst Sponsor des Events zu sein.[51] Ganz im Sinne der Guerilla Philosophie zielt das Ambush Marketing auf eine möglichst große Aufmerksamkeit bei einem gleichzeitig nur geringen finanziellen Aufwand.[52] Während die offiziellen Sponsoren für die Kontaktmöglichkeit mit der Zielgruppe erhebliche finanzielle Mittel aufwenden müssen,[53] versuchen Ambush Marketeer über ungewöhnliche, überraschende und provokative Aktionen, die auf das Event und die offiziellen Sponsoren gerichtete Aufmerksamkeit auf das eigene Unternehmen und die eigenen Produkte zu lenken. Gleichzeitig wird durch den Aufmerksamkeitsabzug gezielt die kommunikative Wirksamkeit der offiziellen Sponsoren (meist Wettbewerber aus der gleichen Branche) schwächt.[54]

Ambient Media. Verwurzelt in der klassischen Außenwerbung, bezeichnet Ambient Media[55] das Werben an unerwarteten Orten und auf ausgefallenen Werbeträgern im direkten Lebensumfeld der Zielgruppe.[56] Neben der Möglichkeit die Zielgruppe präzise und ohne große Streuverluste anzusprechen, ist ein wesentlicher Erfolgsfaktor der Ambient Medien die aus der ungewöhnlichen Darstellung resultierende hohe Aufmerksamkeit und Akzeptanz der Zielgruppe.[57] Der Werbeerfolg lässt sich jedoch nur dann steigern, wenn die eingesetzten Werbeträger neben der Erregung von Aufmerksamkeit auch eine Relevanz zum beworbenen Produkt sowie zur Zielgruppe aufweisen.[58] Auch die Ambient Medien stehen ganz im Sinne der Guerilla Philosophie und zielen auf eine möglichst große Aufmerksamkeit in Verbindung mit einem nur geringen finanziellen Aufwand.[59] Ambient Medien nutzen jede Werbeflächemöglichkeit im Umfeld der Konsumenten, unabhängig von Material, Größe und Erscheinungsort. Der Kreativität sind dabei keine Grenzen gesetzt. Beispiele sind Postkarten in Szenekneipen zur kostenlosen Mitnahme, *Wasch-Away-Grafittis* sowie Werbung in

[49] Vgl. Bruhn/Ahlers (2003), S. 272ff.; Schulte (2007), S. 74.
[50] Vgl. Schulte (2007), S. 74.
[51] Vgl. Bruhn/Ahlers (2003), 271; Carls (2007), S. 15; Patalas (2006), S. 67; Schulte (2007), S. 74.
[52] Vgl. Bruhn/Ahlers (2003), 273; Schulte (2007), S. 74.
[53] Vgl. Schminke/Koch/Reinmuth (2007), S. 37.
[54] Vgl. Bruhn/Ahlers (2003), 273; Schulte (2007), S. 74.
[55] Auch als Ambient Marketing oder Ambient Advertising bezeichnet, vgl. Schulte (2007), S. 84.
[56] Vgl. Schulte (2007), S. 84; Toedter (2006), S. 41.
[57] Vgl. Jäckel (2007), S. 6f.; Schulte (2007), S. 84.
[58] Vgl. Toedter (2006), S. 41.
[59] Vgl. Enders (2003), S. 101.

Golfplatz-Löchern, in Spintschränken von Fitnessstudios oder auf Pizzakartons. Selbst die Bäuche von Kühen und die Stirn von Studenten wurden bereits als Werbeträger eingesetzt.[60]

Sensation Marketing. Ein weiteres Instrument gegen die sinkende Aufmerksamkeit der Konsumenten ist das Sensation Marketing oder auch Ambient Stunt genannt. Während sich Ambient Medien an den klassischen Werbeformen der Außenwerbung orientieren und wiederholt einsetzbar sind, steht der Begriff des Sensation Marketing für überraschende, den Rahmen des Gewohnten sprengende und aufmerksamkeitsstarke Aktionsformen, die zumeist einmalig und nicht wiederholbar sind. Über die Erzeugung eines AHA-WOW-Effekts soll die Werbebotschaft nachhaltig in den Köpfen der Konsumenten verankert und die Weiterverbreitung der Botschaft durch Medien, Presse und Mundpropaganda stimuliert werden.[61]

2.1.4 Gefahren des Guerilla-Marketing

Nicht alle Guerilla-Marketing-Aktionen die unkonventionell, überraschend, ansteckend und/ oder aufmerksamkeitsstark sind, bringen automatisch Vorteile. Im Gegenteil, die Prinzipien des Guerilla-Marketing bergen einige nicht zu unterschätzende Risiken.

Guerilla-Marketing ist *unkonventionell*. Es liegt in der Natur des Guerilla-Marketing, dass es sich teilweise in rechtlichen, moralischen und ethischen Grauzonen bewegt. Rechtliche Konsequenzen, meistens in Verbindung mit Geldstrafen, können vor allem aus provokanten Ambush Marketing-Aktionen sowie aus Ambient Media-Aktionen wie beispielsweise wildem Plakatieren oder Graffitis auf öffentlichen Gebäuden oder Straßen resultieren.[62] Darüber hinaus besteht die Gefahr, dass eine unkonventionelle Botschaft zwar wahrgenommen wird, die Konsumenten diese jedoch als unangenehm, aufdringlich oder geschmacklos bewerten, da die Inhalte der Botschaft moralische und/oder ethische Grenzen überschreiten.[63] Was in der ersten Konsequenz zu irritierten oder verärgerten Konsumenten führt, kann langfristig zu Imageverlusten, der Zerstörung der Grundwerte der Marke oder einem Kaufboykott führen.[64] Beispielhaft für ein derartiges ethisch und moralisch bedenkliches Guerilla-Marketing ist die

---

[60] Vgl. Jäckel (2007), S. 6f.; Schulte (2007), S. 84; Wehleit (2004), S. 28ff.
[61] Vgl. Schulte (2007), S. 40; Wehleit (2004), S. 21ff.
[62] Vgl. Toedter (2006), S. 35und S. 39f.; Welling (2005), S. 44ff.
[63] Vgl. Kanbach (2007), S. 48f.; Kroeber-Riel/Weinberg (2003), S. 71ff.; Zerr (2005), S. 471.
[64] Vgl. Kanbach (2007), S. 49; Zerr (2005), S. 471.

Plakataktion des italienischen Modeunternehmens Benetton, das mit Bildern original blutdurchtränkter Kleidung eines getöteten Soldaten in die Kritik geraten ist.[65]

Guerilla-Marketing ist *überraschend.* Um die Aufmerksamkeit der Konsumenten zu erregen zielt Guerilla-Marketing auf unkonventionelle Ideen mit Überraschungseffekt.[66] Wird eine Aktion jedoch wiederholt durchgeführt, verliert sie den Reiz des Außergewöhnlichen.[67] Ablehnung und Reaktanzeffekte können resultieren.[68]

Guerilla-Marketing ist *ansteckend.* Die wohl größte Gefahr des Guerilla-Marketing geht von der nur eingeschränkten Kontrollierbarkeit der angestoßenen Mund-Propaganda aus. Was bei erfolgreichen Kampagnen als deutlicher Vorteil gesehen werden kann, kann bei *erfolglosen* Kampagnen zu Umsatzverlusten und einer massiven Beeinträchtigung des Unternehmens- und Markenimages führen.[69]

2.2 Modelle der Werbewirkungsforschung

2.2.1 Überblick über die verschiedenen Modellansätze

Nach *Mayer et al.* ist Werbung „ein kommunikativer Beeinflussungsprozess […] der das Ziel hat, beim Adressaten mehr oder minder überdauernde Veränderungen des Erlebens und Verhaltens zu bewirken“.[70] Analog dazu definiert *von Rosenstiel* Werbung als „einen Kommunikationsprozess […] der einen Sender, einen Empfänger, eine Botschaft und ein Medium umfasst, durch Kommunikationshilfen positiv oder negativ beeinflusst wird, sich in spezifischen Situationen abspielt und zu einem bestimmten Ergebnis führt“.[71] Vor diesem Hintergrund kann die Werbewirkung als eine Funktion aus der Art der Werbemittelgestaltung und den psychologischen Bedingungen des Empfängers der werblichen Botschaft bezeichnet werden.[72] Sie beschreibt alle psychischen, nicht beobachtbaren sowie äußeren, direkt beobachtbaren Reaktionen des Rezipienten, die in Folge eines mehr oder weniger komplexen Werbereizes festzustellen sind.[73]

[65] Vgl. Kanbach (2007), S. 48.
[66] Vgl. Kuttelwascher (2006), S. 32; Schulte (2007), S. 11; Zerr (2005), S. 467.
[67] Vgl. Diehl (1985), S. 618; Toedter (2006), S. 66; Zerr (2005), S. 472.
[68] Vgl. Toedter (2006), S. 66; Zerr (2005), S. 472.
[69] Vgl. Schulte (2007), S. 144; Toedter (2006), S. 66f.; Zerr (2005), S. 472.
[70] Mayer et al. (1982), S. 2.
[71] Von Rosenstiel (1973), S. 47.
[72] Vgl. Mayer/Reitmeier (1981), S. 113ff.
[73] Vgl. Mayer/Illmann (2000), S. 390; Rogge (1990), S. 252; Schenk/Donnerstag/Höflich (1990), S. 11.

Die wirtschaftliche Relevanz der Werbung in Kombination mit einer nur mangelhaften Vorhersagbarkeit der Werbewirkung hat zu einem enormen empirischen Forschungsinteresse auf dem Gebiet der Werbewirkungsforschung geführt.[74] Im Laufe der Jahre ist eine Vielzahl unterschiedlicher Werbewirkungsmodelle entstanden. In der Literatur werden diese zum Teil gar nicht oder aber sehr unterschiedlich systematisiert. Während *Schenk*, *Donnerstag* und *Höfling* die Modelle beispielsweise in traditionelle Vorstellungen und neuere Ansätze ordnen,[75] orientieren sich *Vakratsas* und *Ambler* an den jeweils berücksichtigten Teilwirkungen der Werbewirkungsmodelle und unterscheiden Market Response Models, Cognitive Information Models, Pure Affect Models, Persuasive Hierarchy Models, Low Involvement Hierarchy Models, Integrative Models und Hierarchy-Free Models.[76] *Bongard* wiederum gruppiert die Ansätze der Werbewirkungsforschung gemäß den jeweiligen Forschungstraditionen. Der von ihm entwickelte Stammbaum zeigt vier Entwicklungslinien: Stimulus-Response-Modelle, Stufenmodelle, Relationale Ansätze und komplexe Kaufverhaltensmodelle.[77]

Im Folgenden wird zunächst auf die Stufenmodelle der Werbewirkung, welche die psychologischen Determinanten in die Werbewirkungsforschung eingeführt haben,[78] eingegangen, um im Anschluss mit dem Elaboration-Likelihood-Modell von *Petty* und *Cacioppo* und dem Modell der Wirkungspfade von *Kroeber-Riel* zwei duale Prozessmodelle vorzustellen. An der Kritik an den klassischen Stufenmodellen, eine starre Abfolge der einzelnen Prozessstufen anzunehmen, knüpfen diese Modelle an und berücksichtigen somit Wechselwirkungen zwischen den einzelnen Wirkstufen.[79] Bedingt durch das große Interesse an den affektiven Reaktionen der Konsumenten auf Werbung und der Relevanz für die vorliegende Arbeit wird das Attitude-Toward-the-Ad- ebenfalls näher betrachtet.

2.2.2 Stufenmodelle der Werbewirkungsforschung

Historisch betrachtet dominierten in der Werbewirkungsforschung über lange Zeit Modelle, die den Werbewirkungsprozess als eine hierarchische Abfolge verschiedener Stufen beschreiben.[80] Seitdem der Mensch nicht mehr als *Black-Box* angesehen wird, sondern über

[74] Vgl. Steffenhagen (1984a), S. 77.
[75] Vgl. Schenk/Donnerstag/Höfling (1990), S. 11ff.
[76] Vgl. Vakratsas/Ambler (1999), S. 27ff.
[77] Vgl. Bongard (2002), S. 166f.
[78] Vgl. Six (1983), S. 367.
[79] Zur Kritik an den klassischen Stufenmodellen vgl. Schweiger/Schrattenecker (2001), S. 150.
[80] Vgl. Mayer (1990), S. 58; Mayer/Illmann (2000), S. 406.

die Elemente des Kommunikationsprozesses hinaus auch nicht direkt beobachtbare psychische Vorgänge der Informationsverarbeitung analysiert werden,[81] kommt der Einstellung der Rezipienten im Rahmen der Kommunikationswirkung eine besondere Bedeutung zu.[82] Einstellungen bestehen gemäß der Dreikomponententheorie aus einem gefühlsmäßigen (affektiven), einem wissensbasierten (kognitiven) und einem handlungsbasierten (konativen) Element.[83] Während unter der affektiven Komponente Faktoren wie das Interesse, die Gefühle und die Bewertungen der Rezipienten zusammengefasst werden, schließt die kognitive Komponente u. a. die Aufmerksamkeit, die Wahrnehmung sowie das Lernen, und die konative Komponente die Absichten sowie das tatsächliche Verhalten der Rezipienten ein.[84] Basierend auf den Annahmen der Einstellungsforschung sind im Laufe der Zeit zahlreiche hierarchisch strukturierte Werbewirkungsmodelle entwickelt worden,[85] wobei sich die einzelnen Modelle primär in der Differenziertheit der Betrachtung, sprich der Anzahl der Stufen, und dem Sprachgebrauch unterscheiden.[86] Stufenmodelle strukturieren den Ablauf der Werbewirkung in aufeinander aufbauende Teilziele, wobei jede Prozessstufe die Erfüllung der unmittelbar Vorangegangenen bedingt.[87] Gemäß der kognitiven Lerntheorie erfolgen zunächst kognitive, dann affektive und schließlich konative Wirkungen.[88]

Das älteste und bekannteste klassische Stufenmodell ist das von *Lewis* 1898 entwickelte so genannte AIDA-Modell.[89] Ursprünglich als Handlungsempfehlung für den Aufbau von Verkaufsgesprächen entwickelt,[90] wurde das AIDA-Modell in den Rahmen der Werbeforschung übertragen und kann als Anleitung für eine wirkungsvolle Werbereizgestaltung verstanden werden.[91] *Lewis* geht davon aus, dass sich der Werbewirkungsprozess aus vier aufeinander aufbauenden Stufen zusammensetzt. So muss der Werbereiz zuerst die Aufmerksamkeit der Rezipienten erregen (*A*-ttention), danach ihr Interesse wecken (*I*-nterest), in einem weiteren

[81] Vgl. Abschnitt 2.2.1.
[82] Vgl. Merten (1982), S. 28f.
[83] Vgl. Stahlberg/Frey (1996), S. 221f.; Trommsdorff (2004), S. 164.
[84] Vgl. Kotler/Keller/Biemel (2007), S. 661; Schenk/Donnertag/Höflich (1990), S. 16.
[85] Vgl. Bongard (2002), S. 214; Schenk/Donnerstag/Höflich (1990), S. 16.
[86] Vgl. Bongard (2002), S. 214; Mayer/Illmann (2000), S. 407; Schenk/Donnerstag/Höflich (1990), S. 16.
[87] Vgl. Waldner/Widmaier (1996), S. 2.
[88] Vgl. Bongard (2002), S. 213 und S. 218; Kotler/Keller/Biemel (2007), S. 661.
[89] Vgl. Bruhn (2001), S. 208f.; Mayer (2000), S. 164.
[90] Vgl. Bongard (2002), S. 211.
[91] Vgl. Moser (2002), S. 79.

Schritt deren Motive ansprechen (*D*-esire) und schließlich die potentiellen Konsumenten zum Kauf anregen (*A*-ction).[92]

Aufbauend auf dem AIDA-Modell von *Lewis* hat die Werbewirkungsforschung zahlreiche weitere Hierarchie- bzw. Stufenmodelle hervorgebracht. Ein Beispiel ist das von *Lavidge* und *Steiner* 1961 erstmals vorgestellte Hierarchie-der-Effekte-Modell. Da das Modell eine weite Verbreitung im Marketing genießt und es sich um eines der ersten umfangreicheren Modelle dieses Typs handelt,[93] wird es im Folgenden stellvertretend für die große Zahl an (klassischen) Stufenmodellen dargestellt. Nach der grundlegenden Auffassung von *Lavidge* und *Steiner* bedarf es eines mehrstufigen Werbewirkungsprozesses bis aus anfänglich uninformierten und/oder uninteressierten Individuen bewusste und überzeugte Käufer werden.[94] Die beiden Autoren differenzieren insgesamt sechs Stufen der Hierarchie der Effekte. Eingeleitet wird der Prozess durch die Produktbekanntheit (Awareness). Diese führt zunächst zu Produktwissen (Knowledge), in den beiden folgenden Schritten zur Wertschätzung (Liking) und Präferenz des Produktes (Preference) und schließlich zur Überzeugung, dass der Kauf eine gute Entscheidung ist (Conviction). Der Prozess endet mit dem tatsächlichen Kauf des Produktes (Purchase).[95] Bezogen auf das zu Beginn des Abschnitts erwähnte psychologische Einstellungskonzept, lassen sich die ersten beiden Stufen der kognitiven, die nächsten zwei der affektiven und die letzten beiden der konativen Komponente zuschreiben.[96] Während nach der allgemein herrschenden Ansicht jede Hierarchiestufe notwendig ist und von der direkt Vorangegangenen abhängt,[97] ist es nach dem Hierarchie-der-Effekte-Modell möglich, dass die Rezipienten einzelne Stufen des Werbewirkungsprozesses überspringen bzw. gleichzeitig durchlaufen.[98]

Im Gegensatz zu den bisher dargestellten kognitiv fundierten Hierarchiemodellen, deren Wirkung entlang der Komponenten Aufmerksamkeit (Kognition) – Einstellung (Affekt) – Verhalten (Konation) verläuft, postuliert *Krugman* mit dem Low-Involvement-Modell eine davon abweichende Hierarchie des Werbewirkungsprozesses. Basierend auf der Annahme

---

[92] Vgl. Bongard (2002), S. 211; Kotler/Keller/Biemel (2007), S. 661; Kroeber-Riel/Weinberg (2003), S. 612; Moser (2002), S. 79; Schweiger/Schrattenecker (2005), S. 170.
[93] Vgl. Mayer (1990), S. 64.
[94] Vgl. Lavidge/Steiner (1961), S. 59.
[95] Vgl. Lavidge/Steiner (1969), S. 2; Moser (2002), S. 79f.
[96] Vgl. Lavidge/Steiner (1961), S. 59f.
[97] Vgl. Mühlbacher (1982), S. 32.
[98] Vgl. Lavidge/Steiner (1969), S. 3.

kaum wahrnehmbarer Produkt- bzw. Markenunterschiede sowie Konsumenten, die dem Werbereiz nur wenig Interesse entgegenbringen, resultiert das tatsächliche Verhalten respektive der Kauf des entsprechenden Produktes beziehungsweise der Marke in der Regel vor der eigentlichen Einstellungsbildung. Nach *Krugman* sieht der Wirkungspfad gering involvierter Konsumenten folgendermaßen aus: Aufmerksamkeit (Kognition) – Verhalten (Konation) – Einstellung (Affekt).[99] Während das Involvement-Konstrukt in der Sozialpsychologie als „gedankliches Engagement […], mit dem sich jemand einem Sachverhalt oder einer Aktivität zuwendet"[100] verstanden und zur Erklärung der zu erwartenden Wirkungsstärke eines Werbereizes herangezogen wird, setzt *Krugman* das Konstrukt hingegen zur Begründung des Werbewirkungsverlaufs ein.[101] „The significance of conditions of high or low involvement is not that one is better than the other, but that the process of communication impact is different ".[102] Damit geht *Krugman* von zwei unterschiedlichen Werbewirkungsprozessen in Abhängigkeit des Involvementgrades aus: „One way is characterized by lack of personal involvement, which, while perhaps more common in response to commercial subject matter, is by no means limited to it. The second is characterized by a high degree of personal involvement. By this we do not mean attention, interest, or excitement but the number of personal references per minute that the viewer makes between his own life and the stimulus".[103]

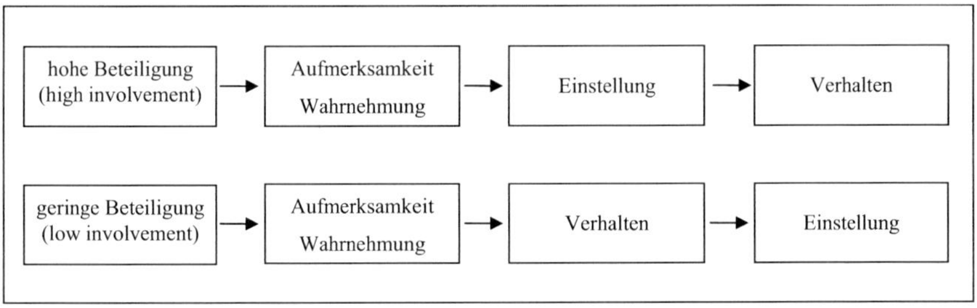

Abbildung 1: Zwei Hierarchien der Effekte[104]

Parallel zu den klassischen Stufenmodellen entwickelten sich Konzepte, die die hierarchische Wirkungsfolge der klassischen Stufenmodelle beibehalten, entgegen den bisher dargestellten

[99] Vgl. Schenk/Donnerstag/Höflich (1990), S. 20.
[100] Vgl. Kroeber-Riel (2003), S. 345.
[101] Vgl. Bongard (2002), S. 296.
[102] Krugman (1965), S. 355.
[103] Krugman (1965), S. 355.
[104] Quelle: In Anlehnung an Schenk (1989), S. 452.

Modellen jedoch einen deutlich höheren Differenzierungsgrad durch die Integration zahlreicher individueller und darüber hinaus auch situationaler sowie sozialer[105] Einflussgrößen aufweisen.[106] Die verschiedenen diesbezüglichen Forschungsbemühungen werden unter dem Begriff Totalmodelle des Kaufverhaltens subsumiert.[107] Totalmodelle erheben den Anspruch möglichst alle Faktoren, die eine Wirkung auf das Kaufverhalten entwickeln könnten, in das Modell einzubeziehen und in ihrer Gesamtheit zu erklären.[108] Das Strukturmodell von *Engel*, *Blackwell* und *Miniard*[109] zählt zu den bekanntesten Totalmodellen des Kaufverhaltens[110] und wird daher stellvertretend vorgestellt.

In der Grobstruktur besteht das Modell aus zwei Prozessfolgen, einem Informationsverarbeitungs- und einem Problemlösungs- respektive Entscheidungsfindungsprozess. Beide sind über das Gedächtnis des Individuums miteinander verbunden.[111] Der Entscheidungsfindungsprozess setzt sich aus fünf aufeinander aufbauenden Stufen zusammen. Beeinflusst durch externe Reize, wie beispielsweise eine Werbebotschaft, aber auch durch eine Diskrepanz im Inneren des Individuums, wird der Entscheidungsprozess durch das Erkennen eines Problems ausgelöst. Die Problemwahrnehmung leitet über zur Informationssuche. Dabei wird zunächst im Gedächtnis nach verfügbaren, entscheidungsrelevanten Informationen gesucht. Sind keine relevanten Informationen vorhanden, wird die Suche auf das externe Umfeld des Individuums ausgedehnt und darüber der Informationsverarbeitungsprozess gestartet. In einem nächsten Schritt werden die verfügbaren Alternativen bewertet, um im Anschluss eine Alternative auszuwählen. Am Ende des Entscheidungsfindungsprozesses steht nicht der Kauf, sondern, mit der Zufriedenheit bzw. Unzufriedenheit, die Konsequenzen der Alternativenwahl.[112] Bis zum Kauf des Produktes beeinflussen zahlreiche Störfaktoren den Prozess des Entscheidens. Dabei können Einflussfaktoren aus der Umgebung, wie die Kultur, Normen, die soziale Schicht oder die Familie sowie individuelle Unterschiede, wie Fähigkeiten, Motivation/Involvement, Einstellungen, Persönlichkeit, Werte und Lebensstile unterschieden werden.[113] *Abbildung 2* zeigt das Modell des Konsumentenverhaltens nach *Engel*, *Blackwell* und *Miniard*.

---

[105] Zu den sozialen Determinanten gehören beispielsweise die Kultur, die Familie, oder auch die Werte und Normen der Konsumenten, vgl. Balderjahn/Scholderer (2007), S. 10.
[106] Vgl. Bongard (2002), S. 169 und S. 255.
[107] Vgl. Bongard (2002), S. 255.
[108] Vgl. Bongard (2002), S. 255; Foscht/Swoboda (2007), S. 25; Schweiger/Schrattenecker (2005), S. 20.
[109] Erstmals vorgestellt wurde das Modell 1968 von Engel, Kollat und Blackwell.
[110] Vgl. Foscht/Swoboda (2007), S. 25.
[111] Vgl. Mayer/Illmann (2000), S. 103.
[112] Vgl. Schweiger/Schrattenecker (2005), S. 21f.
[113] Vgl. Mayer/Illmann (2000), S. 103.

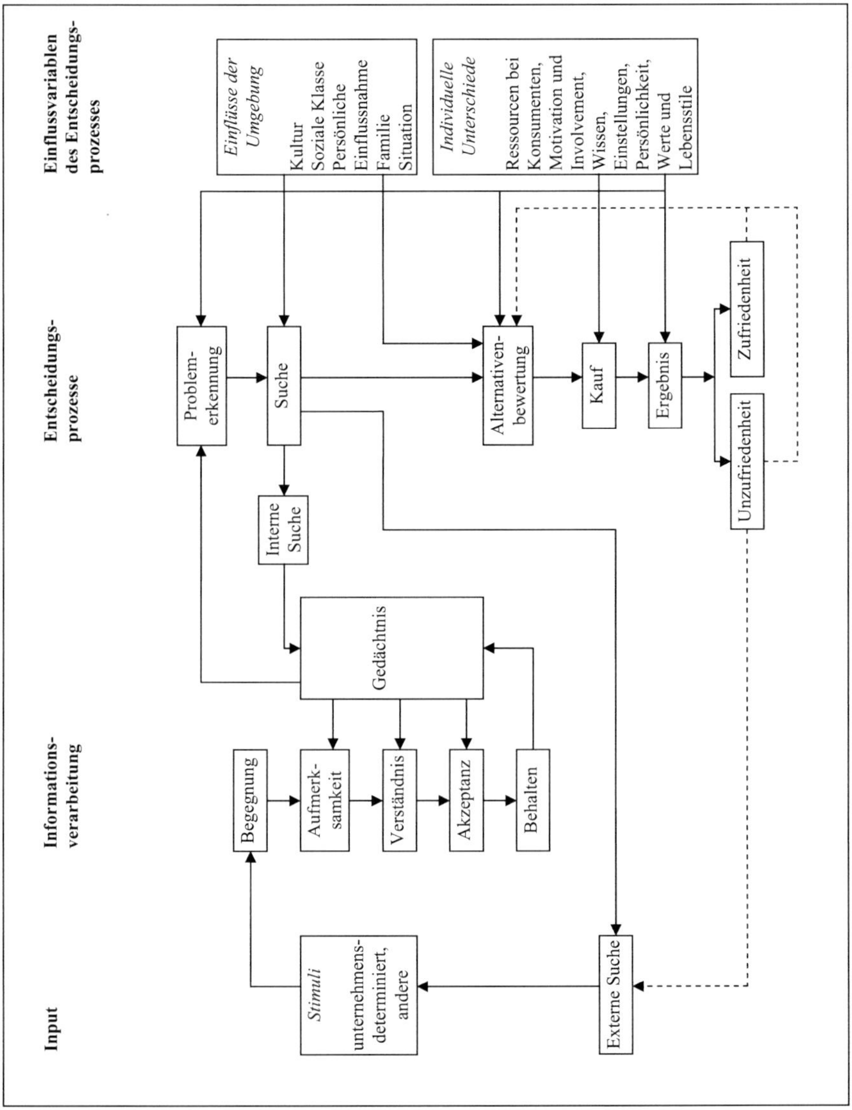

Abbildung 2: Modell des Konsumentenverhaltens nach Engel, Blackwell und Miniard[114]

[114] Quelle: In Anlehnung an Mayer/Illmann (2000), S. 103.

2.2.3 Zwei-Prozess-Modelle

Ursprünglich von *Petty* und *Cacioppo* als sozialpsychologisches Konzept zur Beschreibung, Erklärung und Prognose von Einstellungsänderungen konzipiert, wurde das Elaboration-Likelihood-Modell (ELM) 1983 in den Kontext der Werbewirkungsforschung transferiert.[115] Während sich das Hierarchie-der-Effekte-Modell[116] von *Lavidge* und *Steiner* auf hohes und das Low-Involvement-Modell[117] von *Krugman* auf geringes Involvement beschränken, zielt das Elaboration-Likelihood-Modell als duales Prozessmodell auf die Erklärung der kognitiven Verarbeitung, Überzeugung und Einstellungsänderung der Empfänger in Abhängigkeit vom Involvementgrad.[118] „The elaboration likelihood model is based on the idea that, under different conditions, receivers will vary in the degree to which they are likely to engage in 'elaboration' of information relevant to the persuasive issue".[119] Analog zu *Krugman* verwenden *Petty* und *Cacioppo* das Involvement-Konstrukt zur Erklärung des Werbewirkungsverlaufs.[120]

Zentrale Determinanten der Elaborationswahrscheinlichkeit sind die Fähigkeit und Motivation der Rezipienten zur Verarbeitung der Informationen des entsendeten Werbereizes. Die Wahrscheinlichkeit einer elaborierten Verarbeitung der dargebotenen Informationen steigt dabei gleichsinnig mit dem Ausmaß an Motivation und Befähigung des Individuums.[121] Die Elaborationsmotivation beschreibt die Bereitschaft des Rezipienten, die dargebotenen Informationen engagiert und elaboriert zu verarbeiten.[122] Das Ausmaß des Involvements steht dabei in positivem Zusammenhang mit der persönlichen Relevanz der Botschaft, der Anzahl der Quellen sowie dem Informationsbedürfnis des Konsumenten.[123] Die Elaborationsfähigkeit bezieht sich auf die geistige Qualifikation des Rezipienten zur Verarbeitung der ihm präsentierten Botschaft.[124] Sie steigt mit dem (themenrelevanten) Wissen des Rezipienten und sinkt, wenn das Individuum durch Umgebungsreize abgelenkt wird.[125]

115 Vgl. Bongard (2002), S. 326ff.; Mayer/Illmann (2000), S. S. 417.
116 Vgl. die Ausführungen in Abschnitt 2.3.2.
117 Vgl. die Ausführungen in Abschnitt 2.3.2.
118 Vgl. Mayer/Illmann (2000), S. 152f.; ähnlich Balderjahn/Scholderer (2007), S. 84; Bongard (2002), S. 326.
119 O'Keefe (1990), S. 96.
120 Vgl. Bongard (2002), S. 326f.
121 Vgl. Fill (2001), S. 297.
122 Vgl. Becker (2006), S. 73.
123 Vgl. Bongard (2002), S. 330ff.
124 Vgl. Becker (2006), S. 73.
125 Vgl. Bongard (2002), S. 333ff.

In Abhängigkeit der Motivation und der Fähigkeit der Rezipienten unterscheidet das Modell der Elaborationswahrscheinlichkeit zwischen einer zentralen und einer peripheren Route der Informationsverarbeitung. Ist der Rezipient hoch motiviert oder fähig, erfolgt die Verarbeitung über die zentrale Route. Er beschäftigt sich intensiv, systematisch und bewusst mit dem Informationsangebot. Der Beeinflussungserfolg hängt hier vor allem vom Inhalt der Botschaft, also der Qualität der vorgebrachten Argumente ab.[126] „In high-involvement situations, it is the quality of the message arguments that [...] drives (affective) attitude change".[127] Ist der Rezipient hingegen wenig motiviert oder fähig, oder fehlt beides ganz, ist die Wahrscheinlichkeit einer elaborierten Verarbeitung der dargebotenen Informationen gering. Der Rezipient orientiert sich primär an peripheren Reizen wie der Attraktivität, der Sympathie oder dem Expertenstatus der Quelle, anstelle sich mit dem Inhalt des Werbereizes auseinander zu setzten und die Qualität der Argumente zu beurteilen.[128] „In low-involvement situations, the likability of the message execution itself can change attitudes toward the object or issue in the message".[129] In der Praxis weichen die Prozesse von den beschriebenen idealtypischen Vorgängen der zentralen wie auch peripheren Verarbeitung ab und werden miteinander kombiniert.[130] Auch wenn man von den Wirkungsverläufen nicht auf die Wirkungserfolge schließen kann, sind die Folgen der jeweiligen Wirkungsprozesse nicht zwangsläufig identisch. Während über die zentrale Route geprägte Einstellungen, durch die intensive gedankliche Auseinandersetzung, als weitgehend zeitlich stabil gelten und das Verhalten relativ stark beeinflussen, sind über den peripheren Weg gebildete Einstellungen weniger immun gegen andere Beeinflussungsversuche und daraus weniger verhaltenswirksam.[131] *Abbildung 3* zeigt das Elaboration-Likelihood-Modell von *Petty* und *Cacioppo*.

Als weiteres Beispiel für ein Zwei-Prozess-Modell wird im Rahmen des vorliegenden Buches das Modell der Wirkungspfade näher beleuchtet. Mit diesem Modell hat *Kroeber-Riel* ein Konzept entwickelt, das analog zum Modell der Elaborationswahrscheinlichkeit von *Petty* und *Cacioppo* weiterhin an einer hierarchischen Abfolge der einzelnen Stufen festhält, im Gegensatz zu den klassischen Stufenmodellen jedoch Wechselwirkungen zwischen den

---

[126] Vgl. Becker (2006), S. 73; Fill (2001), S. 297f.; Woll (1997), S. 23.
[127] Batra (1986), S. 58.
[128] Vgl. Becker (2006), S. 73; Fill (2001), S. 297f.; Moser (2002), S. 88.
[129] Batra (1986), S. 58.
[130] Vgl. Woll (1997), S. 23.
[131] Vgl. Petty/Cacioppo (1986), S. 21ff.; Petty/Unnava/Strathman (1991), S. 263ff.

einzelnen Wirkstufen berücksichtigt.[132] Zur besseren Erklärung der Werbewirkung werden die Art der Werbung sowie das Involvement der Rezipienten vor der Konfrontation mit dem Werbestimulus in das Modell aufgenommen und deren Einfluss auf den Werbewirkungsprozess analysiert.[133]

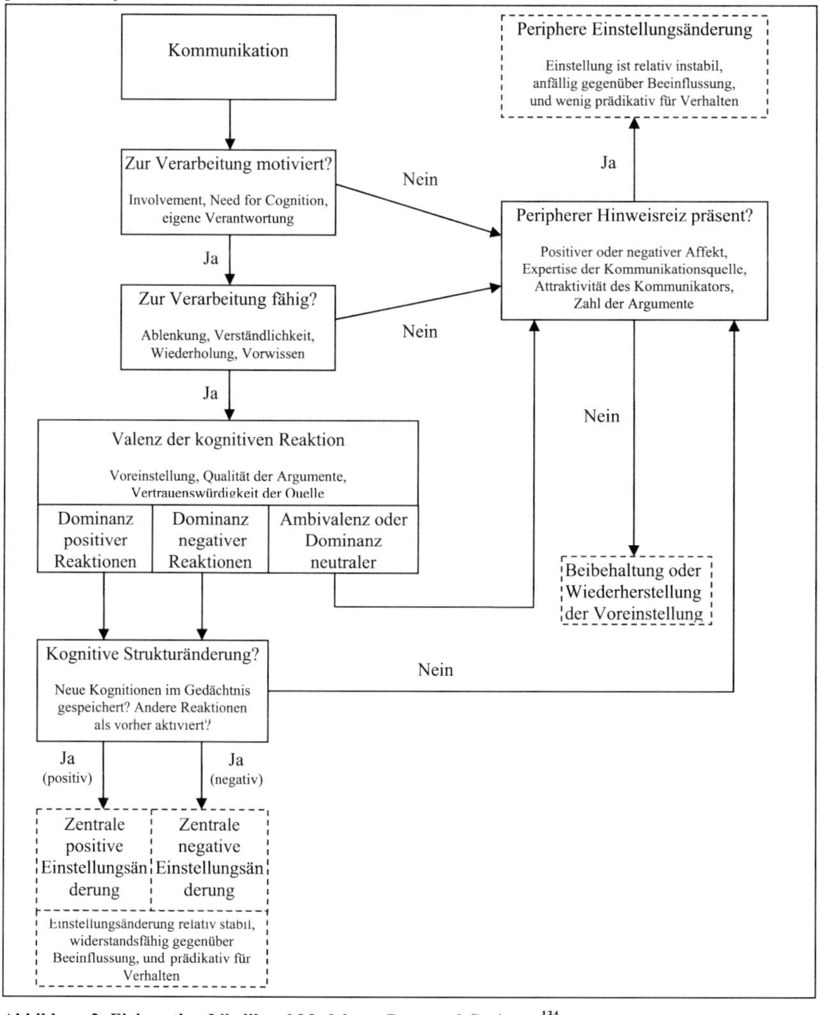

Abbildung 3: Elaboration Likelihood Model von Petty und Cacioppo[134]

[132] Vgl. Kroeber-Riel/Weinberg (2003), S. 612

[133] Vgl. Schweiger/Schrattenecker (2005), S. 174.

[134] Quelle: In Anlehnung an Balderjahn/Scholderer (2007), S. 85.

Über die Wirkungsdeterminante *Art der Werbung* werden die Besonderheiten des entsendeten Werbereizes in das Modell einbezogen.[135] *Kroeber-Riel* unterscheidet Werbung danach, ob sie informierend oder emotional ist, d.h. ob der Beeinflussungsversuch auf der Präsentation sachlicher Informationen (Preis, Bedingungen des Angebots etc.) oder emotionaler Stimuli, wie bestimmter Schlüsselwörter oder Bilder, beruht.[136] Mit der zweiten Wirkungsdeterminante, dem *Involvement*, finden die spezifischen Eigenschaften der Rezipienten Berücksichtigung.[137] Während wenig involvierte Rezipienten dem Werbestimulus eine nur geringe Aufmerksamkeit entgegenbringen, löst starkes Involvement starke Aufmerksamkeit aus.[138]

Neben den beiden Wirkungsdeterminanten, der Art der Werbung und dem Involvement der Rezipienten, differenziert das Modell mit dem Werbekontakt, der Aufmerksamkeit, den emotionalen und kognitiven Prozessen sowie der Einstellung, der Kaufabsicht und dem tatsächlichen Kaufverhalten, sieben so genannte Wirkungskomponenten.[139] Während auf der einen Seite des Werbewirkungsprozesses, mit dem Werbekontakt, die Wahrnehmung des Werbestimulus steht, befindet sich auf der anderen Seite, mit dem tatsächlichen Kauf des Produktes bzw. der Marke, das Beeinflussungsziel der werblichen Kommunikation. Die Aufmerksamkeit steht in engem Zusammenhang mit dem Involvement der Rezipienten und wird nur peripher vom Werbereiz determiniert. Unter den emotionalen Prozessen sind die durch den Werbereiz ausgelösten Emotionen und Motivationen der Rezipienten zu verstehen. Als kognitiv wird der Prozess der Informationsaufnahme, -verarbeitung und -speicherung bezeichnet. Die beiden Komponenten Einstellung und Kaufabsicht resultieren schließlich aus dem Zusammenspiel der emotionalen und kognitiven Vorgänge und determinieren das tatsächliche Verhalten respektive den Kauf des Produktes bzw. der Marke.[140]

In Abhängigkeit der beiden Werbewirkungsdeterminanten kann ein Werbereiz vier unterschiedliche Wirkungsmuster auslösen.[141] Bei informativer Werbung trifft im Idealfall eine informative Werbung auf einen involvierten Konsumenten, so dass die dargebotenen Informationen aktiv und systematisch aufgenommen, verarbeitet und gespeichert werden.

---

[135] Vgl. Kroeber-Riel/Weinberg (2003), S. 613.
[136] Vgl. Kroeber-Riel/Weinberg (2003), S. 617.
[137] Vgl. Kroeber-Riel/Weinberg (2003), S. 613.
[138] Vgl. Kroeber-Riel/Weinberg (2003), S. 620.
[139] Vgl. Becker (2006), S. 70.
[140] Vgl. Kroeber-Riel/Weinberg (2003), S. 614f.
[141] Die Ausführungen der vorliegenden Arbeit beschränken sich auf die dominanten Wirkungspfade. Für eine ausführlichere Besprechung vgl. Kroeber-Riel/Weinberg (2003), S. 621ff.

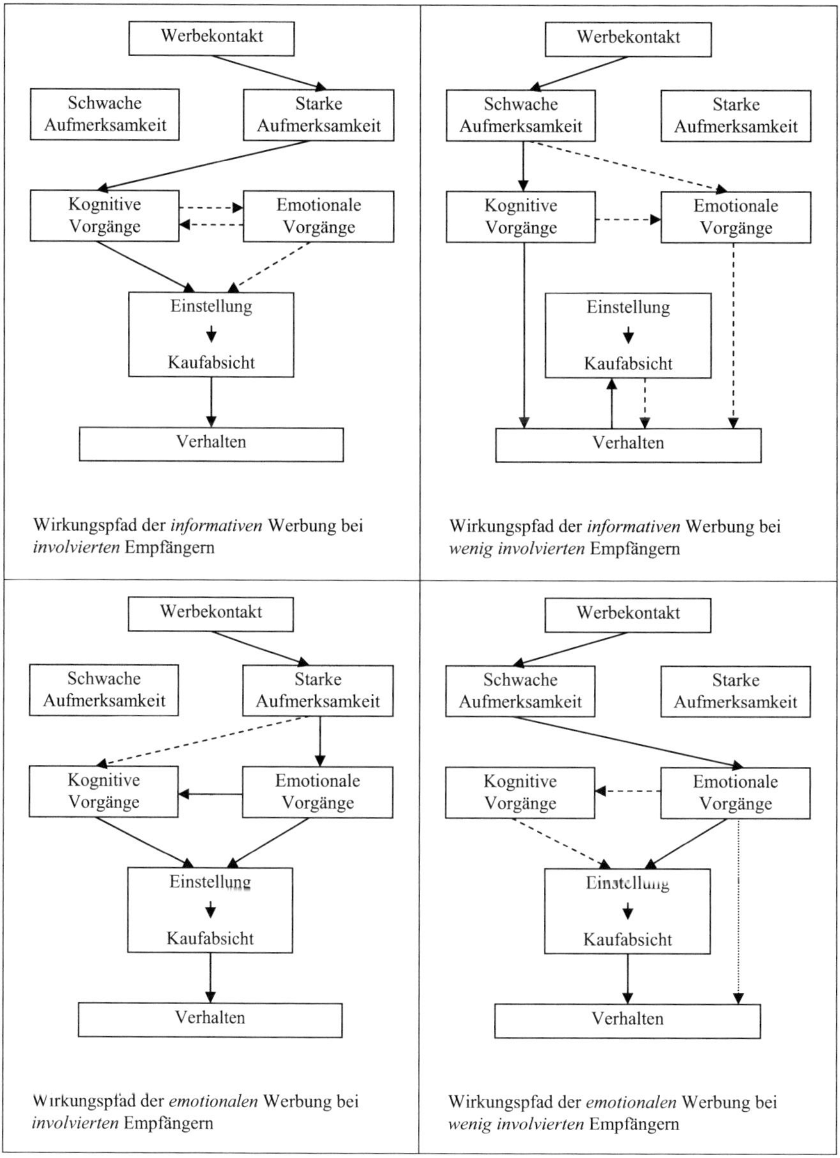

Abbildung 4: Das Modell der Wirkungspfade[142]

[142] Quelle: In Anlehnung an Kroeber-Riel/Weinberg (2003), S. 622ff.; die durchgezogenen Pfeile zeigen die dominanten Wirkungen

Der dominante Wirkungspfad läuft entlang den Komponenten starke Aufmerksamkeit – kognitive Vorgänge –Einstellungen – Kaufabsicht – Verhalten.[143] Trifft eine informative Botschaft hingegen auf einen passiven, wenig involvierten Konsumenten, werden lediglich leicht verständliche Informationen (wie beispielsweise der Produkt- oder Markenname), und diese auch nur flüchtig, aufgenommen und verarbeitet. Der Großteil des Informationsangebots bleibt wirkungslos. Im Gegensatz zum zuvor beschriebenen Wirkungsverlauf, erfolgt die Einstellungsbildung bei geringen Involvement, im Sinne des von *Krugman* postulierten *Low-Involvement-Lernens,*[144] erst nach dem Kauf des Produkts bzw. der Marke. Der gesamte Wirkungspfad sieht folgendermaßen aus: schwache Aufmerksamkeit – kognitive Vorgänge – Verhalten – Einstellung.[145]

Emotionale Werbung, die auf aktive, involvierte Konsumenten trifft, löst emotionale Vorgänge aus, die ihrerseits auf die kognitiven Prozesse Einfluss nehmen. So ist davon auszugehen, dass sich involvierte Empfänger gedanklich mit der emotionalen Werbung beschäftigen. Der Wirkungspfad verläuft entlang den Wirkungskomponenten starke Aufmerksamkeit – emotionale Vorgänge – kognitive Vorgänge – Einstellung – Kaufabsicht – Verhalten.[146] Die vierte und damit letzte Konstellation ist das Aufeinandertreffen einer emotionalen Werbung mit einem wenig involvierten Individuum. Die Wirkung folgt dem Gesetz der emotionalen Konditionierung. Durch eine häufig wiederholte Präsentation des emotionalen Werbestimulus entsteht eine emotionale Bindung mit dem Produkt bzw. der Marke. Der Wirkungspfad lässt sich wie folgt darstellen: schwache Aufmerksamkeit – emotionale Vorgänge – Einstellungen – Kaufabsicht – Verhalten.[147] *Abbildung 4* gibt einen Überblick über die verschiedenen Wirkungspfade.

2.2.4 Attitude-Toward-the-Ad-Modell

Sowohl die Forschung wie auch die Praxis zeigen großes Interesse an den affektiven Reaktionen der Konsumenten auf Werbung.[148] Während sich die Untersuchungen zum Einfluss affektiver Reaktionen im Rahmen des Werbewirkungsprozesses bis in das Jahr 1929 zurückver-

[143] Vgl. Kroeber-Riel/Weinberg (2003), S. 622f.
[144] Vgl. hierzu die Ausführungen in Abschnitt 2.3.2.
[145] Vgl. Kroeber-Riel/Weinberg (2003), S. 623ff.
[146] Vgl. Kroeber-Riel/Weinberg (2003), S. 625ff.
[147] Vgl. Kroeber-Riel/Weinberg (2003), S. 627f.
[148] Vgl. Brown/Stayman (1992), S. 34.

folgen lassen,[149] gewann die Forschung um die Einstellung gegenüber der Werbung (A_{ad}) und dessen antezedente Größen erst in den 80er Jahren durch die Arbeiten von *Shimp* (1981), *Mitchell* und *Olsen* (1981) sowie die Forschergruppe um *MacKenzie* und *Lutz* an Relevanz.[150]

Lutz definiert die Einstellung gegenüber der Werbung (A_{ad}) als „a predisposition to respond in favorable or unfavorable manner to a particular advertising stimulus during a particular exposure occasion".[151] Entgegen der Einstellungsdefinition von *Ajzen* und *Fishbein,*[152] wird die Einstellung gegenüber der Werbung ausschließlich als emotionale Reaktion des Rezipienten auf einen Werbestimulus verstanden. Darüber hinaus bezieht sich das A_{ad}-Konstrukt, gemäß der Definition von Lutz, auf einen konkreten Werbekontakt mit einer konkreten Werbung und nicht auf die Einstellung des Rezipienten zur Werbung im Allgemeinen oder auf Einstellungen, die zu einem früheren Zeitpunkt gebildet wurden.[153]

Die Originalversion des Attitude-Toward-the-Ad-Modells wurde von *MacKenzie*, *Lutz* und *Blech* vorgestellt. Es lässt sich als konzeptuellen Rahmen verstehen, in welchem die antezedenten Größen von A_{ad} auf ihre Wirkung hin untersucht werden.[154] Die initiale Version besteht aus den *first-order* Determinanten „ad credibility, ad perceptions, attitude toward the advertiser, attitude toward advertising, and mood".[155] Um das Modell in einem generelleren Rahmen der Werbewirkungsforschung zu platzieren und der Einstellung gegenüber der Werbung mehr Erklärungskraft zu verleihen, erweiterte *Lutz* (1985) das A_{ad}-Modell um das der Einstellung gegenüber der Werbung nachgelagerte Konstrukt Einstellung gegenüber der Marke (A_b). Darüber hinaus gliederte er die Markenkognitionen (Brand Cognitions) gegenüber den Werbekognitionen (Ad Cognitions) in das Modell ein.[156] Eine weitere Verfeinerung erfuhr das A_{ad}-Modell durch *MacKenzie* und *Lutz* im Jahr 1989. Neben der Ergänzung einiger zuvor unberücksichtigter Beziehungen zwischen den Konstrukten liegt die primäre Erwieterung in dem hinzugefügten Werbewahrnehmungssubsystem.[157]

[149] Vgl. Silk/Vavra (1974), S. 157ff.
[150] Vgl. Brown/Stayman (1992), S. 34; Debraix (1995), S. 470.
[151] Lutz (1985), S. 46.
[152] *Ajzen* und *Fishbein* verstehen Einstellung als „ a learned disposition to respond in a consistently favorable or unfavorable manner with respect to a given object", vgl. Ajzen/Fishbein (1975), S. 6.
[153] Vgl. MacKenzie/Lutz (1989), S. 49.
[154] Vgl. Lutz/MacKenzie/Blech (1983); S. 532ff.
[155] Vgl. MacKenzie/Lutz (1989), S. 49.
[156] Vgl. MacKenzie/Lutz (1989), S. 51.
[157] Vgl. MacKenzie/Lutz (1989), S. 51f.

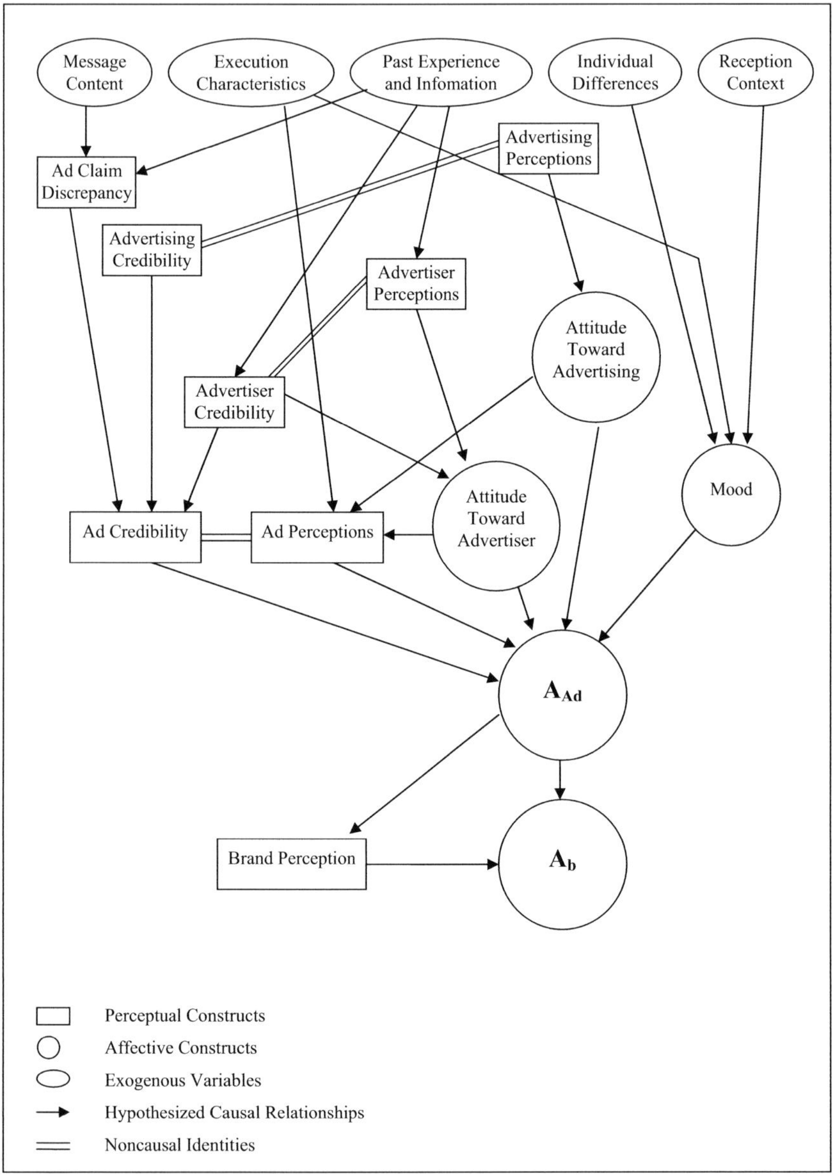

Abbildung 5: Strukturmodell des A_{ad}-Konstrukts[158]

[158] Quelle: In Anlehnung an MacKenzie/Lutz (1989), S. 53.

Da *Lutz* die Antezedenzen der Einstellung gegenüber der Werbung sehr ausführlich diskutiert,[159] soll hier nur kurz auf die einzelnen Konstrukte eingegangen werden. Mit der Glaubwürdigkeit der Werbung (Ad Credibility) wird das Ausmaß bezeichnet, mit welchem der Konsument die in der Werbung dargebotenen Informationen über die Marke als wahr und glaubhaft einschätzt. Sie wird determiniert durch die Glaubwürdigkeit des Werbenden, die Glaubwürdigkeit von Werbung im Allgemeinen sowie der Diskrepanz zwischen dem Werbestatement und der mit dem Produkt gemachten Erfahrung.[160] Die Wahrnehmung der Werbung (Ad Perception) ist eine Funktion aus der Gestaltung des Werbemittels, der Einstellung des Rezipienten gegenüber Werbung im Allgemeinen und der generellen Einstellung gegenüber dem Werbenden.[161] Die Einstellung gegenüber dem Werbenden (Attitude Toward the Advertiser) resultiert, im Gegensatz zum A_{ad}-Konstrukt, aus Informationen und Erfahrungen des Rezipienten. Folglich ist sie stabiler als die rein situationsgebundene Einstellung gegenüber der Werbung.[162] Die generelle Einstellung gegenüber Werbung (Attitude Toward Advertising) bezeichnen *MacKenzie* und *Lutz* als „learned predisposition to respond in a consistently favorable or unfavorable manner toward advertising in general".[163] Die Stimmung (Mood) als fünftes und letztes Konstrukt repräsentiert schließlich den affektiven Zustand des Rezipienten bei der Konfrontation mit der Werbung. Sie ergibt sich aus den situationalen Randbedingungen, dem Charakter des Rezipienten und der Gestaltung des Werbemittels.[164]

Die fünf primären Antezedenzen des Attitude-Toward-the-Ad-Konstrukts lassen sich im Sinne des Elaboration-Likelihood-Models entlang eines Kontinuums mit einem zentralen und einem peripheren Endpunkt anordnen, wobei die Glaubwürdigkeit der Werbung den zentralen und die Stimmung den peripheren Endpunkt des Kontinuums bildet.[165]

Mit dem Botschaftsinvolvement (Ad Message Involvement) und dem Werbegestaltungsinvolvement (Ad Execution Involvement) werden zwei moderierende Konstrukte in das Modell aufgenommen, die in Kombination miteinander die Stärke der Beziehung zwischen A_{ad} und dessen antezedenten Größen generelle Einstellung gegenüber Werbung, Einstellung gegen-

[159] Vgl. Lutz (1985), S. 532ff.
[160] Vgl. MacKenzie/Lutz (1989), S. 51.
[161] Vgl. MacKenzie/Lutz (1989), S. 51.
[162] Vgl. MacKenzie/Lutz (1989), S. 53.
[163] MacKenzie/Lutz (1989), S. 53f.
[164] Vgl. MacKenzie/Lutz (1989), S. 54.
[165] Vgl. MacKenzie/Lutz (1989), S. 49.

über dem Werbenden und Stimmung des Rezipienten, den Einfluss von A_{ad} auf A_b sowie die Relevanz der werbe- bzw. markenbezogenen Gedanken (C_{ad} bzw. C_b) beeinflussen.[166]

Neben den strukturellen Voraussetzungen, die die Einstellung des Rezipienten gegenüber der Werbung determinieren, identifizieren *MacKenzie*, *Lutz* und *Blech*, basierend auf theoretischen und zum Teil auch empirischen Arbeiten, mit der *Affect Transfer Hypothesis*, der *Dual Mediation Hypothesis*, der *Reciprocal Mediation Hypothesis* und der *Independent Influences Hypothesis* vier alternative Modelle zur Wirkung der Einstellung gegenüber der Werbung.[167]

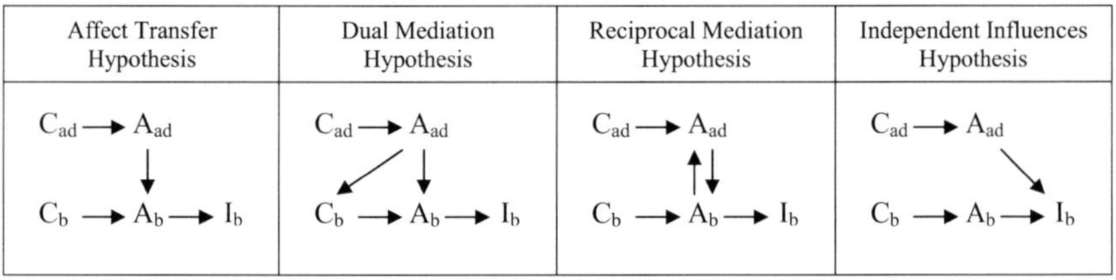

Abbildung 6: Vier alternative Modelle der Einstellung gegenüber der Werbung[168]

Alle konkurrierenden Erklärungen finden sich in einem generellen Hierarchie-der-Effekte-Rahmen wieder. Die Wirkung verläuft entlang der Komponenten Kognition – Affekt – Konation. Darüber hinaus determinieren in allen vier Spezifikationen werbebezogene Kognitionen (C_{ad}) die Einstellung gegenüber der Werbung (A_{ad}) und markenbezogene Kognitionen (C_b) stellen kausale Antezedenzen der Einstellung gegenüber der Marke (A_b) dar.[169] Die dritte Gemeinsamkeit der vier Erklärungen ist der postulierte direkte kausale Einfluss der Einstellung gegenüber der Marke auf die Absicht der Konsumenten, diese zu kaufen (I_b). Letztgenannter Zusammenhang wird aus der Theorie des geplanten Verhaltens[170] abgeleitet und lässt sich als verlässlicher Indikator der Werbewirkung ansehen.[171]

MacKenzie, *Lutz* und *Blech* haben die vier aufgestellten Hypothesen einer empirischen Prüfung unterzogen und identifizierten die *Dual Mediation Hypothesis* als die den drei anderen

[166] Für eine ausführliche Darstellung vgl. MacKenzie/Lutz (1989), S. 54.
[167] Vgl. MacKenzie/Lutz/Blech (1986), S. 131f.
[168] Quelle: In Anlehnung an MacKenzie/Lutz/Blech (1986), S. 131; A_{ad} = Einstellung gegenüber der Werbung; C_{ad} = Werbekognitionen; A_b = Einstellung gegenüber der Marke; C_b = Markenkognitionen; I_b = Kaufabsicht.
[169] Vgl. MacKenzie/Lutz/Blech (1986), S. 131.
[170] Vgl. hierzu Abschnitt 3.1.3.
[171] Vgl. MacKenzie/Lutz/Blech (1986), S. 131.

postulierten Hypothesen überlegen.[172] Die *Dual Mediation Hypothesis* unterstellt neben dem direkten Effekt von A_{ad} auf A_b auch einen indirekten Effekt über die Markenkognitionen (C_b). Zur Erklärung der beiden Effekte ziehen *MacKenzie*, *Lutz* und *Blech* die Unterscheidung zwischen zentralem und peripherem Weg aus dem Elaboration-Likelihood-Modell (ELM) von *Petty* und *Cacioppo* heran. Gemäß dem ELM achten die Rezipienten bei einer peripheren Verarbeitung des Werbereizes primär darauf, *wie* innerhalb der Werbebotschaft etwas gesagt oder dargestellt wird (Attraktivität der Quelle), der Inhalt der Botschaft ist von deutlich geringerer Bedeutung. Damit kann die Beziehung zwischen A_{ad} und A_b als Indikator für die periphere Route und der Effekt von C_b auf A_b als Hinweis für die zentrale Route angesehen werden. Unter der Bedingungen geringen Involvements, das die Konsumenten Werbung entgegenbringen, wird der zentrale Weg der Informationsverarbeitung ($C_b \rightarrow A_b$) vom peripheren Weg ($A_{ad} \rightarrow A_b$) dominiert.[173]

[172] Vgl. MacKenzie/Lutz/Blech (1986), S. 135ff.
[173] Vgl. MacKenzie/Lutz/Blech (1986), S. 132.

3 Konzeptualisierung eines Untersuchungsmodells zur Erklärung der Wirkweise von Guerilla-Marketing-Aktionen

3.1 Ausgewählte theoretische Bezugspunkte im Kontext der Guerilla-Marketing-Wirkungsforschung

3.1.1 Aktivierungstheorie

Die Idee und zentralen Gedanken für eine Theorie der Aktivierung sind im Rahmen der Emotionsforschung entstanden.[174] Aktivierung bezeichnet die innere Spannung oder Erregung, die den Organismus eines Individuums mit Energie versorgt und in den Zustand der Leistungsbereitschaft und Leistungsfähigkeit überführt.[175] Dabei kann das Ausmaß der Aktivierung auf einem Kontinuum mit den beiden Extrempolen Tiefschlaf und Panik beschrieben werden.[176] Zu den zentralen Antriebsprozessen zählen Emotionen, Motivationen und Einstellungen,[177] die zusammen die Entstehung des menschlichen Verhaltens erklären.[178]

Die Aktivierungsforschung unterscheidet zwischen tonischer und phasischer Aktivierung. Während sich die tonische Aktivierung auf das allgemeine Aktivierungsniveau (den Wachheitsgrad) bezieht und sich nur langsam verändert, werden unter der phasischen Aktivierung kurzfristige Aktivierungsschwankungen verstanden, die die Aufmerksamkeit und Leistungsfähigkeit eines Individuums in einer spezifischen Reizsituation lenken.[179] Für das Marketing ist die Differenzierung insofern relevant, dass ein Unternehmen nur auf die phasische Aktivierung eines Menschen Einfluss nehmen kann, sich den tonischen Schwankungen hingegen anpassen muss.[180] In enger Verbindung zur phasischen Aktivierung stehen die bei der Informationsaufnahme wirksam werdenden Konstrukte Aufmerksamkeit und Orientierungsreaktion.[181] Die Aufmerksamkeit bezieht sich auf die Bereitschaft eines Individuums, sich Reizen aus der Umwelt zuzuwenden, sie aufzunehmen und zu verarbeiten.[182] Dabei übernimmt sie die Funktion eines Filters, der das Gehirn vor Überarbeitung schützt, indem nur eine geringe Anzahl der Fülle an Reizen, denen das Individuum tagtäglich ausgesetzt ist, auf-

[174] Vgl. Konert (1986), S. 59.
[175] Vgl. Schweiger/Schrattenecker (2005), S. 195.
[176] Vgl. Trommsdorff (2004), S. 48.
[177] Vgl. Kroeber-Riel/Weinberg (2003), S. 53ff.; siehe auch Abschnitt 2.2.2.
[178] Vgl. Foscht/Swoboda (2007), S. 37.
[179] Vgl. Foscht/Swoboda (2007), S. 38; Kroeber-Riel/Weinberg (2003), S. 60.
[180] Vgl. Trommsdorff (2004), S. 50.
[181] Vgl. Kroeber-Riel/Weinberg (2003), S. 60.
[182] Vgl. Kroeber-Riel/Weinberg (2003), S. 61; Trommsdorf (2004), S. 52.

genommen und verarbeitet werden.[183] Im Sinne der Aktivierungstheorie stellt die Aufmerksamkeit eine vorübergehende Erhöhung der Aktivierung dar, die das Individuum gegenüber bestimmten Reizen sensibilisiert.[184] Als Orientierungsreaktion wird die spontane und reflexartige Hinwendung des Organismus zu einem unerwarteten und überraschenden Reiz verstanden. Sie zeigt sich beispielsweise in der Drehung des Kopfes hin zum entsendeten Reiz sowie der Veränderung der Sinnesorgane, wie der Weitung der Pupillen.[185] Über die Gestaltung der Reizeigenschaften wie Intensität, Farbe, Größe, Neuartigkeit, Prägnanz, Komplexität und Ungewissheit lässt sich die Orientierungsreaktion positiv beeinflussen.[186]

Die Aktivierungstheorie beschäftigt sich primär mit der Intensität bzw. Stärke der Aktivierung von bestimmten Reizen.[187] Die *Lambda-Hypothese* postuliert die Wirkung des Aktivierungsgrades auf die Leistung bzw. Leistungsfähigkeit eines Organismus als ∩-(umgekehrt u)förmigen Zusammenhang.[188] Der Hypothese zufolge nimmt die Leistung zunächst gleichsinnig mit dem Aktivierungsgrad zu. Es gilt, je höher die Aktiviertheit einer Person, desto wahrscheinlicher und intensiver ist die entsprechende Reaktion.[189] Wird jedoch ein bestimmtes, je nach Individuum subjektiv unterschiedliches Aktivierungsniveau überschritten, steigt die Leistungsfähigkeit nicht weiter, sondern beginnt abzufallen (Überaktivierung).[190]

Neben verschiedenen inneren Faktoren werden das Erregungs- und Aktivierungsniveau und darüber die Leistungsfähigkeit der Individuen entscheidend durch Reize aus der Umwelt determiniert.[191] So setzt das Marketing zur Stimulierung der phasischen Aktivierung gezielt emotionale, kognitive und physisch intensive Reize ein. Emotionale Reize, also Reize, die Emotionen ansprechen, aktivieren überwiegend über so genannte Schlüsselreize, wie beispielsweise das Kindchenschema, und lösen angeborene, nicht willentlich kontrollierbare Reaktionen aus. Eine physisch wirkende Aktivierung, d.h. der Einsatz großer, farbiger, intensiver oder lauter Reize, führt über die Hinwendung des Organismus zur Reizquelle (Orientierungsreaktion) zur Erhöhung des Aktivierungsniveaus. Reize, die Überraschung auslösen, zu

[183] Vgl. Kroeber-Riel/Weinberg (2003), S. 273; Schweiger/Schrattenecker (2005), S. 200.
[184] Vgl. Kroeber-Riel/Weinberg (2003), S. 61.
[185] Vgl. Kroeber-Riel/Weinberg (2003), S. 62f.
[186] Vgl. Berlyne (1974), S. 127ff.; Erdtmann (1989), S. 151; Foscht/Swoboda (2007), S. 88.
[187] Vgl. Kroeber-Riel (1984), S. 86.
[188] Vgl. Foscht/Swoboda (2007), S. 38.
[189] Vgl. Trommsdorff (2004), S. 49.
[190] Vgl. Balderjahn/Scholderer (2007), S. 197f.
[191] Vgl. Berlyne (1971), 67f.; Kroeber-Riel/Weinberg (2003), S. 69f.

Widersprüchen oder gedanklichen Konflikten führen, lenken die kognitiv wirkende Aktivierung.[192]

Im Marketing respektive in der Werbung spielen derartige Aktivierungstechniken eine zentrale Rolle, da Werbereize in der Regel auf gering involvierte Rezipienten treffen, die sich den dargebotenen Botschaften nur wenig engagiert zuwenden.[193] Die Aktivierung durch den Werbestimulus stellt, den Stufenmodellen zufolge, die Grundvoraussetzung für die Werbewirkung dar. Nur wenn die Werbung von den Konsumenten wahrgenommen wird, hat sie die Chance wirken zu können.[194]

3.1.2 Schema- und Kategorisierungstheorie

Zur Reduzierung der Informationsvielfalt, aufgrund von beschränkter Kapazität des Gehirns, verarbeitet und speichert das Gehirn die eingehenden Informationen nach Ähnlichkeitsmerkmalen in so genannten Kategorien bzw. Schemata.[195] Nach *Mandler* ist ein Schema „a category of mental structures that organize past experience".[196] *Kroeber-Riel* und *Weinberg* verstehen Schemata als „individuell stark verfestigte, standardisierte Vorstellungen über Objekte, Personen oder Ereignisse, die im Gedächtnis sprachlich oder bildlich repräsentiert sind".[197] Die verschiedenen Schemata eines Menschen sind hierarchisch organisiert. So kann ein Schema in mehrere Subschemata und diese wiederum in weitere Unterschemata differenziert werden. Die einzelnen Stufen der Hierarchie unterscheiden sich dabei in ihrer Abstraktheit und Generalisierbarkeit.[198] Darüber hinaus sind Schemata durch eine ständige Dynamik geprägt. Sie werden fortlaufend ergänzt und um neue Subschemata erweitert.[199]

Ein zentraler Begriff im Rahmen der Schematheorie ist die so genannte Schemakongruenz. Stimmen die Information über einen neu zu verarbeitenden Reiz mit den Erwartungen der Rezipienten an diesen überein, ist der Reiz mit dem aktivierten Schema kongruent. Entspricht der Reiz den Erwartungen hingegen nicht, wird er als schemainkongruent bezeichnet.[200]

---

[192] Vgl. Kroeber-Riel/Weinberg (2003), S. 71f.; Schweiger/Schrattenecker (2005), S. 196.
[193] Vgl. Kroeber-Riel/Weinberg (2003), S. 90; Schweiger/Schrattenecker (2005), S. 196.
[194] Vgl. Schweiger/Schrattenecker (2005), S. 170; Trommsdorff (2004), S. 53; vgl. auch Abschnitt 2.3.2.
[195] Vgl. Tversky/Hemenway (1984), S. 170.
[196] Mandler (1982), S. 16.
[197] Kroeber-Riel/Weinberg (2003), S. 233.
[198] Vgl. Seel (2003), S. 54.
[199] Vgl. Seel (2003), S. 55; Binsack (2003), S. 57.
[200] Vgl. Binsack (2003), S. 69; Heckler/Childers (1992), S. 477; Lee (2000), S. 31; Mandler (1982), S. 20f.

Die Scheme-Congruity-Theory von *Mandler*[201] beschäftigt sich mit schemakongruenten wie auch -inkongruenten Reizen und deren Einfluss auf die Intensität und das Vorzeichen von Affekten. *Mandler* differenziert nach abnehmender Ähnlichkeit zwischen kongruenten, moderat inkongruenten und stark inkongruenten Reizen. Erfüllt ein neuer Reiz die Erwartungen des aktivierten Schemas, resultiert ein schwach positives Gefühl der Vertrautheit. Liegt ein moderat inkongruenter Reiz vor, kann der Rezipient die vorhandene Inkongruenz über eine erhöhte kognitive Auseinandersetzung mit dem neuartigen und überraschenden Reiz auflösen und den Reiz in das verbundene Schema einordnen. Durch das Erfolgserlebnis der Aufklärung der Inkongruenz empfindet der Rezipient eine positive Emotion. Ist die Information über einen neuen Reiz mit den Erwartungen hingegen stark inkongruent, wird der Rezipient versuchen die vorliegende Inkongruenz durch die Ausweitung eines bestehenden Schemas, die Bildung eines Subschemas oder die Eingliederung des Reizes in ein benachbartes Schema aufzulösen. Gelingt ihm dies, resultiert eine stark positive, andernfalls eine stark negative Emotion.[202]

Eine weitere Theorie, die sich mit schemakongruenten und -inkongruenten Reizen befasst, ist die Piecemeal-and-Category-Based-Theory von *Fiske* und *Pavelchak*.[203] Abhängig von der kognitiven Anstrengung, die zur Verarbeitung und Bewertung der Informationen über einen neuen Reiz erforderlich ist, unterscheiden die beiden Autoren zwischen *Category-Based-Processing* und *Piecemeal-Based-Processing*. Stimmen die Informationen über den neuen Reiz mit einem vorhandenen Schema überein, wird der Reiz vergleichsweise schnell und mit einem nur geringen kognitiven Aufwand bewertet. Die Eigenschaften und Einstellungen der aktivierten Kategorie werden auf den Reiz transferiert (Category-Based-Processing).[204] Liegt hingegen Schemainkongruenz vor, lässt sich der neue Reiz nicht unmittelbar in ein vorhandenes Schema eingliedern.[205] Die Bewertung des eintreffenden Reizes erfolgt *attribute-by-attribute*[206] und damit mit einer höheren kognitiven Anstrengung (Piecemeal-Based-Pro-

[201] Vgl. Mandler (1982).
[202] Vgl. Gierl/Reich/Blasczyk (2006), S. 133f.
[203] Vgl. Fiske/Pavelchack (1986).
[204] Vgl. Fiske/Pavelchack (1986), S. 174; Gierl/Reich/Blasczyk (2006), S. 131f.
[205] Vgl. Gierl/Reich/Blasczyk (2006), S. 132.
[206] Vgl. Fiske (1982), S. 60 f.

cessing).[207] Über die intensivere Auseinandersetzung mit dem entsprechenden Reiz bilden sich, im Vergleich zu schemakonsistenten Reizen, stabilere Einstellungen.[208]

3.2 Postulierung eines Hypothesensystems zur Erklärung der Wirkweise von Guerilla-Marketing

3.2.1 Determinanten der Kreativität einer Guerilla-Marketing-Kampagne

Ausgangspunkt des dargestellten Modells sind vier, die Kreativität der Guerilla-Marketing-Aktion determinierende Variablen: Das Differenzierungspotential, der Innovationsgrad, die Überzeugungskraft und die Nutzenstiftung der Aktion.

Folgt man den Überlegungen, die dem AIDA-Modell der Werbewirkung zugrunde liegen, muss Werbung bei den Umworbenen zunächst einmal Aufmerksamkeit erzeugen, um ihre Wirkung entfalten zu können. Zahlreiche Wettbewerber, das heutige Überangebot an Informationen sowie sehr geringe Produktdifferenzen haben jedoch dazu geführt, dass die Aufmerksamkeit der Konsumenten zu einer äußerst knappen Ressource geworden ist.[209] Nur diejenigen Unternehmen die es schaffen aus dem Schattendasein der unzähligen Produkte hervorzutreten, werden die Aufmerksamkeit der potentiellen Konsumenten gewinnen können.[210] Folglich kommt der Gestaltung der Werbebotschaft eine zentrale Bedeutung zu.[211] Eine Möglichkeit Werbung zu gestalten ist diejenige, Kognitionen bei den potentiellen Konsumenten anzusprechen. So wird eine kognitiv wirkende Aktivierung durch gedankliche Konflikte sowie Widersprüche und Überraschungen hervorgerufen. Diese stellen die Wahrnehmung vor eine unerwartete Aufgabe und regen dadurch die Beschäftigung mit dem dargebotenen Reiz an.[212] Die aufmerksamkeitserregende Rolle derartiger inkongruenter Schemata wird von zahlreichen Autoren postuliert.[213] Aus der Schematheorie lässt sich ableiten, dass Stimuli, die von den Erwartungen an den Reiz abweichen, mit einem höheren kognitiven Aufwand verarbeitet werden.[214] Die intensivere gedankliche Auseinandersetzung lässt sich ebenfalls anhand der

---

[207] Vgl. Fiske/Pavelchack (1986), S. 174; Gierl/Reich/Blasczyk (2006), S. 132; Olney/Holbrook/Batra (1991), S. 443.
[208] Vgl. Gierl/Reich/Blasczyk (2006), S. 132.
[209] Vgl. Nolte (2005), S. 50.
[210] Vgl. Auer/Diederichs (1993), S. 201.
[211] Vgl. Balderjahn/Scholderer (2007), S. 194; Becker (2006), S. 13; Vgl. Kroeber-Riel/Weinberg (2003), S. 71; Nieschlag/Dichtl/Hörschgen (1971), S. 447.
[212] Vgl. Kroeber-Riel/Weinberg (2003), S. 72; Schweiger/Schrattenecker (2005), S. 196.
[213] Vgl. Gierl/Reich/Blasczyk (2006), S. 130; Mandler (1982), S. 1ff.; Seel (2003), S. 56f.
[214] Vgl. Fiske/Pavelchack (1986), S. 174; Goodstein (1993), S. 88; Heckler/Childers (1992), S. 475; Olney/Holbrook/Batra (1991), S. 443.

zentralen Aussagen der Gestaltpsychologie erklären. So strebt der Rezipient nach Konsistenz und Vollständigkeit und wird versuchen seine Wahrnehmung zu komplettieren, wenn ihm ein unvollständiger Stimulus präsentiert wird.[215] *Berlyne* erklärt die spezifische Wirkung neuartiger Reize auf die Aufmerksamkeit einerseits aus der mangelhaften Übereinstimmung neuartiger Stimuli mit vertrauten Reizen (Konflikthypothese) und zum anderen daraus, dass neuartige Reize noch keine Möglichkeit hatten ihre Wirkung zu verlieren (Gewöhnungshypothese).[216]

Kreative Werbung stellt einen derartigen kognitiven, schemainkonsistenten Stimulus dar, der in der Lage ist Wahrnehmungsbarrieren zu überwinden sowie gezielte Aufmerksamkeit durch Neuartigkeit und Anderssein hervorzurufen.[217] Nach *Scheffler* und *Sladek* sticht kreative Werbung heraus, ist aufmerksamkeitsstärker, spricht Emotionen stärker an, überrascht, erzeugt Neugierde, passt nicht in übliche Schemata und führt so zu einer intensiveren Auseinandersetzung mit dem Stimulus.[218] In der Literatur wird die Kreativität auch als „X-Faktor der Werbung"[219] oder „Schlüsselfaktor"[220] für eine optimale Werbewirkung bezeichnet. *Becker* kommt in einer Untersuchung zu dem Ergebnis, dass der Kreativität ein bedeutender Einfluss auf die Effektivität der Werbung zugesprochen werden kann.[221]

Was eine kreative Werbemaßnahme ausmacht, welche Eigenschaften sie erfüllen muss, wird in der Literatur kontrovers diskutiert. In den meisten zu diesem Aspekt vorliegenden Arbeiten besteht lediglich Übereinstimmung darüber, dass die Neuartigkeit ein notwendiges Merkmal für kreative Produkte ist.[222] Neuartigkeit bezieht sich dabei auf das Ausmaß der Unerwartetheit der Werbung.[223] Analog zur Schematheorie, wo nach abnehmender Passung zwischen kongruenten, moderat inkongruenten und stark inkongruenten Attributen differenziert wird,[224] erstreckt sich die Neuartigkeit auf einem Kontinuum zwischen marginal und radikal.[225] *Berlyne* unterscheidet Reize nach absoluter und relativer Neuartigkeit. Während relativ neuar-

[215] Vgl. Erbeldinger/Kochhan (1998), S. 148.
[216] Vgl. Berlyne (1974), S. 41; Diehl (1985), S. 618; Goodstein (1993), S. 96; Loef/Verlegh (2002), S. 1.
[217] Vgl. Ang/Low (2000), S. 835; Lischka (2006), S. 35.
[218] Vgl. Scheffler/Sladek (2004), S. 40.
[219] Schmidt (1972), S. 191.
[220] White (1972), S. 32.
[221] Vgl. Becker (2006); Für eine Übersicht über empirische Studien zum Zusammenhang zwischen Kreativität und Effektivität vgl. Becker (2006), S. 102ff.
[222] Vgl. Becker (2006), S. 38; Petri (1992), S. 84 sowie die jeweils dort angegebene Literatur.
[223] Vgl. Ang/Low (2000), S. 836.
[224] Vgl. Abschnitt 3.1.2.
[225] Vgl. Becker (2006), S. 45.

tige Stimuli bekannte Eigenschaften aufweisen, die jedoch in einer bislang unbekannten Art und Weise kombiniert bzw. angeordnet sind, sind absolut neuartige Reize durch Eigenschaften gekennzeichnet, welche niemals zuvor wahrgenommen worden sind.[226]

Kreativität darf jedoch nicht mit Erregung von Aufmerksamkeit gleichgesetzt werden.[227] So ist die Neuartigkeit eines Stimulus zwar eine notwendige, aber keine hinreichende Bedingung für ein kreatives Produkt.[228] Neben der Originalität und Unerwartetheit muss der Stimulus für den Rezipienten auch Sinn machen.[229] *Altsech* bezeichnet die Sinnhaftigkeit als Qualitätsindikator der Kreativität.[230] *Meyer-Hentschel* spricht in diesem Zusammenhang von „zielgerichteter Kreativität".[231] Ein Werbereiz ist nur dann als kreativ zu bezeichnen, wenn er fest definierten Zielen nachkommt.[232] Zwischen der Werbung und der Werbebotschaft muss eine eindeutige Verbindung bestehen, so dass der Rezipient genau erkennen kann, für welche Marke geworben wurde.[233] *Lee* und *Mason* konnten zeigen, dass inkongruente Werbung nur im Zusammenhang mit relevanten markenbezogenen Informationen positiver und intensiver wahrgenommen wird.[234] Auch nach *Ang* und *Low* müssen die Konsumenten in der unerwarteten Information einen Sinn sehen, damit sie die Inkonsistenz der Neuartigkeit auflösen können und eine positive Beurteilung erreicht wird.[235] Die Verzahnung von Unerwartetheit und Sinnhaftigkeit lässt sich mit Hilfe der Schematheorie erklären. Das durch den neuartigen Stimulus bei den Rezipienten ausgelöste dissonante Gefühl der Inkongruenz führt zu einer intensiven kognitiven Auseinandersetzung mit dem Reiz. Nur wenn der Stimulus über die Neuartigkeit hinaus auch Sinn macht, wird es zu einer Auflösung der Inkongruenz kommen.[236]

Guerilla-Marketing folgt dem Prinzip der Kreativität, indem es zum einen auf die Erregung von Aufmerksamkeit über von der Norm abweichende Botschaftsinhalte, ungewöhnliche Farben, besonders große Elemente, überraschende Formen der Informationsübermittlung und unerwartete und originelle Platzierungen,[237] zum anderen jedoch auch auf eine verständliche

[226] Vgl. Berlyne (1974), S. 39.
[227] Vgl. Becker (2006), S. 50; GWA (1997), S. 26ff.
[228] Vgl. Ang/Low (2000), S. 837; Finke (1990), S. 4.
[229] Vgl. Ang/Low (2000), S. 837; Schmidt (1972), S. 39 und S. 153; Trommsdorff/Becker (2001), S. 5.
[230] Vgl. Altsech (1996), S. 42.
[231] Vgl. Meyer-Hentschel (2001), S. 93.
[232] Vgl. Becker (2006), S. 46; Schmidt (1972), S. 39 und S. 153.
[233] Vgl. Becker (2006), S. 49; Förster/Kreuz (2006), 55f.
[234] Vgl. Lee/Mason (1999), S. 161f.
[235] Vgl. Ang/Low (2000), S. 841.
[236] Vgl. Abschnitt 3.1.2.
[237] Vgl. Abschnitt 2.1.2 sowie 2.1.5.

Botschaftsvermittlung, Zielgruppenorientierung und Beachtung des Unternehmensimages setzt.[238] Basierend auf den Erkenntnissen der oben diskutierten Sachverhalte können, in Anlehnung an *Becker*, zwei Kreativitätsdimensionen identifiziert werden: Neuartigkeit/ Originalität sowie Sinnhaftigkeit/Strategiebezug.[239] Aus Gründen des Informationsgewinns wird die Dimension Neuartigkeit/Originalität in der vorliegenden Arbeit in die beiden Konstrukte Differenzierungspotential und Innovationsgrad und die Dimension Sinnhaftigkeit/ Strategiebezug in die Konstrukte Überzeugungskraft und Nutzenstiftung aufgespalten. Somit lassen sich die folgenden vier Hypothesen postulieren:

H_1:	Je größer das Differenzierungspotential der Guerilla-Marketing-Aktion, desto kreativer wird die Aktion beurteilt.

H_2:	Je höher der Innovationsgrad der Guerilla-Marketing-Aktion, desto kreativer wird die Aktion beurteilt.

H_3:	Je größer die Überzeugungskraft der Guerilla-Marketing-Aktion, desto kreativer wird die Aktion beurteilt.

H_4:	Je höher die Nutzenstiftung der Guerilla-Marketing-Aktion, desto kreativer wird die Aktion beurteilt.

3.2.2 Emotionale Reaktion als Konsequenz der Kreativität einer Guerilla-Marketing-Kampagne

Während *Becker* mit der Neuartigkeit/Originalität und Sinnhaftigkeit/Strategiebezug zwei Dimensionen isoliert, um die Kreativität einer Werbung zu messen respektive zu beurteilen,[240] identifizieren *Ang* und *Low* eine dritte Dimensionen: Den emotionalen Bezug, der sich auf die Gefühle bezieht, die durch die Werbung generiert werden. Nach *Ang* und *Low* ist eine kreative Werbung neuartig, macht Sinn und verursacht positive Gefühle.[241] In der vorliegenden Studie wird die Kreativität durch die vier Dimensionen Differenzierungspotential und Inno-

[238] Vgl. Manz (2004), S. 46; Patalas (2006), S. 62.
[239] Vgl. Becker (2006), S. 43f. sowie S. 52.
[240] Vgl. Becker (2006), S. 43f. sowie S. 52.
[241] Vgl. Ang/Low (2000), S. 835f.

vationsgrad sowie Überzeugungskraft und Nutzenstiftung bestimmt. Der emotionale Bezug wird als eigenständiger, der Kreativität kausal nachfolgender Faktor in das Modell aufgenommen. Die Arbeitsdefinition des Begriffs Emotion orientiert sich an *Kroeber-Riel* und *Weinberg*, die Emotionen als „innere Erregungsvorgänge, die angenehm oder unangenehm empfunden und mehr oder weniger bewusst erlebt werden" beschreiben.[242]

Emotionale Reaktionen auf einen Werbestimulus wurden intensiv erforscht.[243] 1987 entwickelten *Holbrook* und *Batra* ein hierarchisches Kommunikationsmodell, um die Rolle der Emotionen auf die Werbeeffekte darzustellen.[244] Das von *Holbrook* und *Batra* vorgeschlagene Modell basiert auf den Ergebnissen zahlreicher Studien,[245] welche die vermittelnde Rolle der Einstellung gegenüber der Werbung zwischen der Art der Werbung und der Einstellung gegenüber der Marke dokumentiert haben. Es unterscheidet sich von diesen Studien, indem emotionale Reaktionen als Mediator der Werbewirkung in die Betrachtung integriert werden. *Holbrook* und *Batra* folgen damit dem Vorschlag von *Batra* und *Ray* (1986), welche die intervenierende Rolle emotionaler Reaktionen untersucht haben. Insgesamt übernehmen die beiden Autoren ein relativ standardisiertes Modell der A_{ad}-Forschung mit der Einstellung gegenüber der Werbung als Mediator der Werbeeffektivität, fügen aber die intervenierende Variable *emotionale Reaktion* ein.[246] *Holbrook* und *Batra* unterscheiden verschiedene Gestaltungsmöglichkeiten der Werbung, so unter anderem den Einsatz kreativer Werbestimuli.[247]

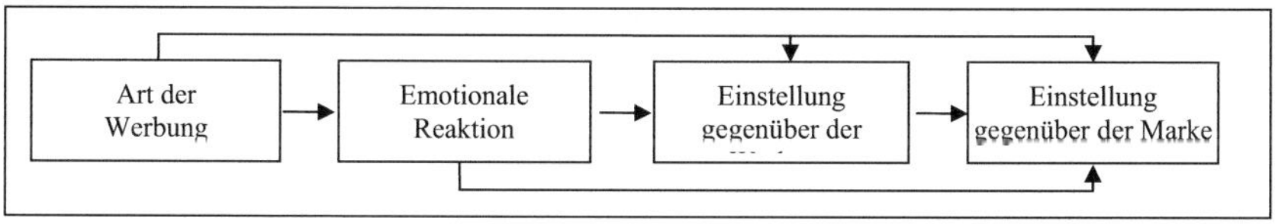

Abbildung 7: Hierarchisches Modell der Werbewirkung nach Holbrook und Batra[248]

Burke und *Edell* haben ebenfalls die Bedeutung von Emotionen in der Werbung untersucht. Die Ergebnisse ihrer Studie zeigen, dass emotionale Reaktionen auf Werbung wichtige Effek

[242] Kroeber-Riel/Weinberg (2003), S. 106.
[243] Für einen Überblick der Messung emotionaler Reaktionen auf Werbestimuli vgl. Wiles/Cornwell (1990).
[244] Vgl. Holbrook/Batra (1987), S. 405.
[245] Vgl. u.a. Batra/Ray (1986); Gardner (1985); Holbrook (1978); Lutz/MacKenzie/Blech (1983); Mitchell/Olsen (1981); Moore/Hutchinson (1983); Shimp (1981).
[246] Vgl. Holbrook/Batra (1987), S. 406.
[247] Vgl. Holbrook/Batra (1987), S. 413.
[248] Quelle: In Anlehnung an Holbrook/Batra (1987), S. 405.

te darstellen. Die beiden Autoren sehen daher eine Integration emotionaler Reaktionen in die Modelle der Werbewirkung als sinnvoll an.[249]

Zur Erklärung des Zusammenhangs zwischen der Kreativität der Guerilla-Marketing-Aktion und der emotionalen Reaktion eignen sich die Erkenntnisse des Elaboration-Likelihood-Modells von Petty und Cacioppo.[250] Dem Elaboration-Likelihood-Modell zufolge reagieren die Rezipienten im Regelfall des geringen Involvements[251] emotional auf einen Werbestimulus.[252] So ruft die kreative Gestaltung der Werbung positive emotionale Reaktionen bei den Rezipienten hervor.[253]

Versteht man die kreative Guerilla-Marketing-Aktion als eine Ausprägungsform emotionaler Werbung, lässt sich auch das Modell der Wirkungspfade zur Erklärung der Wirkung der Kreativität der Guerilla-Marketing-Aktion auf die Emotionen des Rezipienten heranziehen. Gemäß dem Modell von *Kroeber-Riel* löst emotionale Werbung sowohl bei hohem als auch bei geringem Involvement der Rezipienten emotionale Vorgänge aus.[254]

Eine dritte Möglichkeit zur Erklärung der Beziehung liefert die Schema-Congruity-Theorie von *Mandler*.[255] Nach *Mandler* ist ein Reiz schemainkongruent, wenn er von den Erwartungen der Rezipienten an diesen Reiz abweicht.[256] Gelingt es dem Rezipienten eine Erklärung für die beobachtete Inkongruenz zu finden, zieht der entsendete Reiz positive Emotionen nach sich.[257] Basierend auf den beiden zuvor identifizierten Kreativitätsdimensionen Originalität/Neuartigkeit sowie Sinnhaftigkeit/Strategiebezug, lässt sich die Kreativität in der Sprache der Schematheorie als eine Funktion aus einem unerwarteten, schemainkongruenten Reiz und der Auflösung der Inkongruenz dieses Reizes beschreiben. Dementsprechend kann davon ausgegangen werden, dass eine kreative Werbung und hier speziell die Guerilla-Marketing-Aktion einen positiven Einfluss auf die emotionalen Reaktionen der Rezipienten nimmt.

---

[249] Vgl. Burke/Edell (1989), S. 79.
[250] Vgl. Abschnitt 2.3.3.
[251] Bezogen auf alle Werbekontakte ist hohes Involvement sehr selten. Selbst bei High Interest-Produkten, wie beispielsweise Autos, sind die Konsumenten nur in einer akuten Entscheidungssituation wirklich involviert; vgl. Becker (2006), S. 90; Trommsdorff/Becker (2001), S. 10.
[252] Vgl. Burke/Edell (1989), S. 7; Holbrook/Batra (1987), S. 406; Woll (1997), S. 26.
[253] Vgl. Woll (1997), S. 26.
[254] Vgl. Abschnitt 2.3.3.
[255] Vgl. Abschnitt 3.1.3.
[256] Vgl. Goodman (1980), S. 476; Heckler/Childers (1992), S. 477; Desai/Gencturk (1995); Lee (2000), S. 31.
[257] Vgl. Mandler (1982), S. 22.

Schließlich lässt sich auch der emotionale Ansatz der Umweltpsychologie zur Erklärung des Zusammenhangs heranziehen. Ihm zufolge stehen Mensch und Umwelt in einer *dynamischen Wechselbeziehung*.[258] Die von der Umgebung des Menschen ausgehende Aktivierung spielt eine entscheidende Rolle für sein Verhalten respektive seine emotionale Reaktion.[259] In Bezug auf die vorliegende Arbeit löst die Gestaltung der Werbung als Umweltreiz eine ganz bestimmte emotionale Reaktion bei dem Rezipienten aus.

Emotionen sind außerordentlich komplexe und vielschichtige Vorgänge. Zur Klassifikation der Fülle an Emotionen haben sich zahlreiche Emotionsforscher multivariater Verfahren zur Datenreduktion bedient. Aufbauend auf den drei Dimensionen der Bedeutung von Wörtern – Evaluation (Gefallen), Activity (Erregung) und Potency (Potenz/Überlegenheit) – nach *Osgood*, *Suci* und *Tannenbaum*'s Semantischen Differential, haben *Mehrabian* und *Russel* drei analoge Dimensionen – *P*leasure (Vergnügen), *A*rousal (Erregung) und *D*ominance (Dominanz) – extrahiert.[260] Das so genannte *PAD*-Paradigma dient der Beschreibung emotionaler Reaktionen.[261] Während das Vergnügen auf das durch einen Umweltstimulus ausgelöste positive Gefühl abzielt, beschreibt die Erregung den Grad der Aktivierung auf einem Kontinuum zwischen Schlaf und totaler Aufregung. Über die Dimension Dominanz wird das Ausmaß zum Ausdruck gebracht, inwieweit eine Emotion weitere Gefühle ermöglicht.[262] Zahlreiche empirische Studien konnten die Validität und Reliabilität des PAD-Paradigmas bestätigen.[263]

Nach Durchsicht zahlreicher Studien gelangen *Olney*, *Holbrook* und *Batra* zu der Auffassung, dass auf die dritte Dimension des PAD-Paradigmas (Dominanz) verzichtet werden kann, da ihr keine wesentlichen Wirkungen nachgewiesen werden konnten.[264] *Holbrook* und *Batra* (1987) wie auch *Olney*, *Holbrook* und *Batra* (1991) postulieren und bestätigen in ihren Untersuchungen die Wirkung der Gestaltung der Werbung auf die beiden emotionalen Dimensionen Vergnügen und Erregung.[265] Unter Bezugnahme auf die Erkenntnisse von *Olney*, *Holbrook* und *Batra* konzentriert sich die vorliegende Arbeit auf die beiden Dimensionen

[258] Vgl. Ittelson/Proshansky (1977), S. 17.
[259] Vgl. Kroeber-Riel/Weinberg (2003), S. 242.
[260] Vgl. Thyri (2003), S. 44.
[261] Vgl. Richins (1997), S. 128; Thyri (2003), S. 75.
[262] Vgl. Schiel (2006), S. 184.
[263] Vgl. Mehrabian (1980); Mehrabian/Russel (1974).
[264] Vgl. Olney/Holbrook/Batra (1991), S. 443.
[265] Vgl. Holbrook/Batra (1987), S. 417; Olney/Holbrook/Batra (1991), S. 443.

emotionalen Erlebens Vergnügen und Erregung. Entsprechend den angestellten Überlegungen lassen sich die folgenden beiden Hypothesen aufstellen:

H_5: Je kreativer die Guerilla-Marketing-Aktion, desto größer ist das durch die Aktion ausgelöste Vergnügen der Rezipienten.

H_6: Je kreativer die Guerilla-Marketing-Aktion, desto höher ist die subjektiv wahrgenommene Erregung der Rezipienten.

Guerilla-Marketing-Aktionen sind unerwartete, neuartige Ereignisse, die sich nicht in die vorhandenen Schemata integrieren lassen und typischerweise bei den Rezipienten Überraschung auslösen.[266] Dabei steigt das Ausmaß an Überraschung mit der Unerwartetheit des Stimulus.[267] Zur Erklärung dieses Zusammenhangs kann auf das wiederholt empirisch bestätigte *Bielefelder Modell* zurückgegriffen werden.[268] Dem Modell zufolge führt ein von einem aktiven Schema abweichender Stimulus zu Überraschung bei den Rezipienten.[269] Konsistent dazu belegen die Ergebnisse der Untersuchung von *Alden*, *Mukherjee* und *Hoyer* die Wirkung inkongruenter Werbestimuli auf die Emotion Überraschung.[270] Auf Basis der dargestellten Aspekte wird neben den beiden emotionalen Dimensionen Vergnügen und Erregung auch die spezifische Emotionsqualität Überraschung als Wirkung der Guerilla-Marketing-Kreativität in das Modell integriert. So lässt sich die folgende Hypothese formulieren:

H_7: Je kreativer die Guerilla-Marketing-Aktion, desto größer ist die durch die Aktion ausgelöste Überraschung der Rezipienten.

Versteht man Werbung als „beabsichtigte Beeinflussung von markenrelevanten Einstellungen und Verhaltensweisen ohne formellen Zwang unter Einsatz von Werbemitteln und bezahlten Medien",[271] wird die Bedeutsamkeit der Entstehung und Wirkung von Einstellungen deutlich.

---

[266] Vgl. Izard (1999), S. 313.
[267] Vgl. Lischka (2006), S. 39 sowie 96.
[268] Vgl. u.a. Niepel et al. (1994); Meyer/Niepel/Schützwoh (1994); Meyer/Reisenzein/Schützwohl (1997); Schützwohl/Krefting (2001).
[269] Vgl. Meyer (1988), S. 140; Meyer/Reisenzein/Niepel (2000), S. 255.
[270] Vgl. Alden/Mukherjee/Hoyer (2000), S. 7.
[271] Schweiger/Schrattenecker (1986), S. 3.

Entgegen der affektiven Definition der Einstellung gegenüber der Werbung nach *Lutz*,[272] wird das A_{ad}-Konstrukt in der vorliegenden Arbeit als affektive sowie kognitive Reaktion des Rezipienten auf einen Werbestimulus verstanden. Die Einstellungsdefinition orientiert sich damit an *Ajzen* und *Fishbein*, welche die Einstellung als „a learned disposition to respond in a consistently favorable or unfavorable manner with respect to a given object" beschreiben.[273]

Nach *Levinson*, dem Begründer des Guerilla-Marketing, bringt Kreativität im Marketing Menschen dazu ihre Einstellung zu ändern.[274] Eine Möglichkeit zur Erklärung des Zusammenhangs zwischen der Kreativität der Guerilla-Marketing-Aktion und der Einstellung gegenüber dieser liefert die Piecemeal-and-Category-Based-Theory von *Fiske* und *Pavelchak*.[275] Der Theorie zufolge führt ein schemainkongruenter Stimulus zu einer intensiven kognitiven Auseinandersetzung, mit dem Ziel die beobachtete Inkongruenz aufzulösen. Gelingt dies, zieht der Stimulus eine positive Einstellung nach sich.[276] Wie bereits oben beschrieben, lässt sich die Kreativität als eine Funktion aus einem unerwarteten, schemainkongruenten Reiz und der Auflösung der Inkongruenz dieses Reizes darstellen, so dass davon ausgegangen werden kann, dass ein kreativer Werbestimulus respektive eine Guerilla-Marketing-Aktion die Einstellung gegenüber der Aktion positiv beeinflusst.

Zahlreiche Studien bestätigen den Einfluss der Art der Werbung auf die Einstellung gegenüber der Werbung.[277] So haben beispielsweise *Holbrook* und *Batra* neben dem indirekten Einfluss der Werbegestaltung über die emotionale Reaktion auf die Einstellung gegenüber der Werbung auch einen positiven direkten Einfluss postuliert und bestätigt.[278] Der von *MacKenzie*, *Lutz* und *Blech* aufgestellten und wiederholt empirisch bestätigten *Dual Mediation Hypothesis*[279] zufolge, wird die Einstellung gegenüber der Werbung (A_{ad}) von werbebezogenen Kognitionen (C_{ad}) determiniert.[280] Spezifiziert man die Werbung als Guerilla-Marketing-Aktion und die werbebezogenen Gedanken als die kognitiv basierte Beurteilung der Kreativität der entsprechenden Aktion, lässt sich aus der Hypothese der Zusammenhang zwi-

[272] Lutz (1985), S. 46; vgl. auch Abschnitt 2.2.4.
[273] Vgl. Ajzen/Fishbein (1975), S. 6.
[274] Vgl. Levinson (2001), S. 6.
[275] Vgl. Abschnitt 3.1.2.
[276] Vgl. Gierl/Reich/Blasczyk (2006), S. 132.
[277] Vgl. u.a. Batra/Ray (1986); Holbrook/Batra (1987); Lutz/MacKenzie/Blech (1983); Mitchell/ Olsen (1981); Shimp (1981).
[278] Vgl. Holbrook/Batra (1987), S. 416.
[279] Vgl. beispielhaft MacKenzie/Lutz/Blech (1986), S. 131f.; Brown/Stayman (1992), S. 45f.
[280] Vgl. Abschnitt 2.3.4.

schen der Kreativität der Guerilla-Marketing-Aktion und der Einstellung gegenüber dieser erklären. Die Ergebnisse der Untersuchung von *Ang* und *Low* suggerieren, dass eine kreative Werbemaßnahme, im Vergleich zu einer nicht vom üblichen Schema abweichenden Werbegestaltungen, in einer positiveren Einstellung gegenüber der Werbung resultiert.[281] Auch *Taylor*, *Wilson* und *Miracle* konnten zeigen, dass kreative Werbung die Einstellung gegenüber der Werbung (A_{ad}) erhöht.[282] Daraus ergibt sich, für den Einfluss der Kreativität der Guerilla-Marketing-Aktion auf die Einstellung gegenüber dieser, folgende Hypothese:

H_8:	Je kreativer die Guerilla-Marketing-Aktion, desto positiver ist die Einstellung gegenüber der Aktion.

3.2.2 Emotionale Reaktion als Determinante der Einstellung gegenüber der Guerilla-Marketing-Kampagne

Gemäß *Kroeber-Riel* und *Weinberg* stehen Emotionen, Motivationen und Einstellungen in enger Verbindung zueinander. Während die Emotionen der Rezipienten positiven Einfluss auf deren Motivation zu einer bestimmten Handlung nehmen, determinieren die Motivationen die Einstellungen der Rezipienten gegenüber einem bestimmten Objekt.[283] Basierend auf dieser Wirkfolge kann angenommen werden, dass die Emotionen der Rezipienten einen positiven Einfluss auf deren Einstellungen ausüben.

Die Wirkung emotionaler Reaktionen auf Werbestimuli wurde intensiv erforscht.[284] Zahlreiche Untersuchungen lassen vermuten, dass durch Werbung ausgelöste Emotion die Einstellung gegenüber der Werbung beeinflussen kann. So konnten unter anderem *Edell* (1988) sowie *Edell* und *Burke* (1987, 1989) in ihren Forschungspapieren den signifikanten Beitrag affektiver Reaktionen auf die Einstellung gegenüber der Werbung nachweisen.[285] Auch *Ang* und *Low* kommen am Ende ihrer Studie zu dem Ergebnis, dass sich positive Gefühle positiv auf die Einstellung gegenüber der Werbung auswirken.[286] *Holbrook* und *Batra* wie auch *Olney*, *Holbrook* und *Batra* postulieren und bestätigen, dass die beiden Dimensionen emotio-

[281] Vgl. Ang/Low (2000), S. 835.
[282] Vgl. Taylor/Wilson/Miracle (1994), S. 43.
[283] Vgl. Kroeber-Riel/Weinberg (2003), S. 53ff.; vgl. auch Abschnitt 2.2.2.
[284] Vgl. u.a. Batra/Ray (1986); Edell (1988); Edell/Burke (1987); Holbrook/Batra (1987); Ray/Batra (1982); Stephens/Russo (1987).
[285] Vgl. Edell (1988), S. 21; Edell/Burke (1987), S. 428f.; Burke/Edell (1989), S. 76.
[286] Vgl. Ang/Low (2000), S. 845.

nalen Erlebens, Vergnügen und Erregung, klare Mediatoren zwischen der Gestaltung der Werbebotschaft und der Einstellung gegenüber der Werbung sind.[287] Was die Wirkung der emotionalen Reaktion auf die Guerilla-Marketing-Aktion anbetrifft, können somit die drei folgenden Hypothesen formuliert werden:

H_9:	Je größer das Vergnügen der Befragten, desto positiver ist die Einstellung gegenüber der Guerilla-Marketing-Aktion.

H_{10}:	Je höher die subjektiv empfundene Erregung der Befragten, desto positiver ist die Einstellung gegenüber der Guerilla-Marketing-Aktion.

H_{11}:	Je größer die Überraschung der Befragten, desto positiver ist die Einstellung gegenüber der Guerilla-Marketing-Aktion.

3.2.3 Wirkung der Einstellung gegenüber einer Guerilla-Marketing-Kampagne auf die Einstellung zur Marke

Nach *Schweiger* und *Schrattenecker* wie auch *Trommsdorff* stehen Einstellungen untereinander in Beziehung, so dass eine Einstellungsänderung Einfluss auf andere Einstellungen nimmt.[288] Eine Erklärung für die Wirkung der Einstellung gegenüber der Werbung (A_{ad}) auf die Einstellung gegenüber der Marke (A_b) liefert die *Balance Theorie* von Heider. Der Theorie zufolge sind Menschen harmoniebedürftig und daher stets um ein kognitives Gleichgewicht ihrer Gedanken bemüht. Bewertet ein Individuum die Elemente einer gedanklichen Verbindung unterschiedlich, verfällt es in einen Zustand kognitiver Dissonanz.[289] Zur Vermeidung bzw. Aufhebung der Dissonanz werden die beiden Elemente, hier die Guerilla-Marketing-Aktion und die Marke, gedanklich verbunden und die Einstellungsaspekte von der Aktion auf die Marke transferiert.[290]

Im Gegensatz zu der hier angenommenen linearen Kausalität, dass die Einstellung gegenüber der Werbung (A_{ad}) Einfluss auf die Einstellung gegenüber der Marke (A_b) nimmt, gehen

[287] Vgl. Holbrook/Batra (1987), S. 417; Olney/Holbrook/Batra (1991), S. 443.
[288] Vgl. Schweiger/Schrattenecker (2005), S. 23; Trommsdorff (2004), S. 159.
[289] Vgl. Dean (2002), S. 79; Mayer/Illmann (2000), S. 201; Kroeber-Riel/Weinberg (2003), S. 68.
[290] Vgl. MacKenzie/Lutz/Blech (1986), S. 132.

Heath und *Gaeth* von einer bidirektionalen Kausalität zwischen A_{ad} und A_b aus. Den beiden Autoren zufolge ist es prinzipiell ebenfalls möglich, dass Einstellungen von der Marke auf die Werbung übertragen werden können.[291] Im speziellen Fall einer Guerilla-Marketing-Aktion kann jedoch davon ausgegangen werden, dass die Konsumenten zunächst auf die Aktion und im Anschluss erst auf die Marke aufmerksam werden. Aus diesem Grund beschränkt sich der vorliegende Beitrag auf die Betrachtung des Einstellungstransfers von der Guerilla-Marketing-Aktion auf die Marke.

In Anlehnung an *Shimp* lässt sich der Zusammenhang zwischen der Einstellung gegenüber der Werbung und der Einstellung gegenüber der Marke anhand der Lerntheorie erklären. Der Theorie zufolge lernen die Individuen gegenüber denjenigen Objekten positive Einstellungen zu bilden, die sie mit anderen positiven Dingen assoziieren. Übertragen auf die Guerilla-Marketing-Wirkung resultiert die positive Einstellung gegenüber der Marke aus der Assoziation mit der ansprechenden Werbemaßnahme.[292]

Im Rahmen der Werbewirkungsforschung konnten zahlreiche empirische Studien die signifikante Erklärungskraft von A_{ad} auf A_b dokumentieren.[293] Nach dem *Dual Mediation Model* von *MacKenzie*, *Lutz* und *Blech* wirkt sich die Einstellung gegenüber der Werbung (A_{ad}) direkt positiv auf die Einstellung gegenüber der Marke (A_b) aus.[294] Im Sinne des Elaboration-Likelihood-Modells (ELM) von *Petty* und *Cacioppo* kann der direkte kausale Effekt von A_{ad} auf A_b als Repräsentation der peripheren Route der Informationsverarbeitung angesehen werden.[295] Dem ELM zufolge achten die Empfänger bei einer peripheren Verarbeitung eines Werbereizes primär auf die den Inhalt der Botschaft umgebenden Faktoren, wie beispielsweise die Attraktivität der Quelle.[296] Dementsprechend ist davon auszugehen, dass eine positive Bewertung der Werbung zu einer positiven Markeneinstellung führt. Die Metaanalyse von *Brown* und *Stayman* zur Forschung über die Einstellung gegenüber der Werbung unterstützt die Hypothese, dass die Einstellung gegenüber der Werbung (A_{ad}) einen signifikanten

---

[291] Vgl. Heath/Geath (1994), S. 132f.
[292] Vgl. Shimp (1981), S. 12.
[293] Vgl. u.a. Batra/Ray (1986); Cacioppo/Petty (1985); Gardner (1985); Lutz/MacKenzie/Belch (1983); MacKenzie/Lutz (1989); Mitchell (1986); Mitchell/Olsen (1981); Muehling (1987).
[294] Vgl. MacKenzie/Lutz/Blech (1986), S. 132.
[295] Vgl. die Ausführungen zur Dual Mediation Hypothese in Abschnitt 2.3.4.
[296] Vgl. MacKenzie/Lutz/Blech (1986), S. 132.

Einfluss auf die Einstellung gegenüber der Werbung (A_b) hat.[297] Hypothese H_{12} fasst die Überlegungen zusammen:

H_{12}:	Je positiver die Einstellung gegenüber der Guerilla-Marketing-Aktion, desto positiver ist die Einstellung gegenüber der Marke.

3.2.4 Kaufabsicht und Word-of-Mouth-Absicht als verhaltensbezogenes Resultat einer Guerilla-Marketing-Kampagne

Die beiden Konstrukte Kaufabsicht und Word-of-Mouth-Absicht repräsentieren die resultierenden Größen des postulierten Modells. Da direktes Verhalten nur unter großem Aufwand messbar ist, werden die Kaufabsicht und die Word-of-Mouth-Absicht als verhaltensnächste Größen herangezogen. *Ajzen* und *Fishbein* schreiben hierzu: „If one wants to know whether or not an individual will perform a given behavior, the simplest and probably most efficient thing one can do is to ask the individual whether he intends to perform that behavior".[298] Die Verhaltensintention beschreibt nach *Ajzen* die subjektiv wahrgenommene Wahrscheinlichkeit, dass ein Individuum ein bestimmtes Verhalten zu einem zukünftigen Zeitpunkt ausübt.[299] „Intentions are assumed to capture the motivational factors that influence a behavior; they are indications of how hard people are willing to try, of how much of an effort they are planning to exert, in order to perform the behavior".[300]

Gemäß der Dreikomponententheorie der Einstellung besteht eine Einstellung aus einer gefühlsmäßigen (affektiven), einer wissensbasierten (kognitiven) und einer handlungsbezogenen (konativen/intentionalen) Komponente.[301] Der Theorie liegt dabei die Annahme zugrunde, dass zwischen den Komponenten „Beziehungen [...] bestehen, die ein überdauerndes System im Sinne gegenseitiger Abhängigkeiten (Interdependenzen) bilden".[302] Über die Kausalstruktur der einzelnen Komponenten insbesondere die Frage, ob die konative Komponente als Teil des Einstellungskonstrukts oder als eigenständiger, der Einstellung nachgelagerter Faktor anzusehen ist, herrscht unter den Forschern Uneinigkeit.[303] So sind *Bauer*, *Sauer* und *Hendel*

[297] Vgl. Debraix (1995), S. 470.
[298] Ajzen/Fishbein (1975), S. 368f.
[299] Vgl. Ajzen (1991), S. 181.
[300] Ajzen (1991), S. 181; Vgl. auch Ajzen (1993), S. 48.
[301] Vgl. Stahlberg/Frey (1996), S. 221f.; Trommsdorff (2004), S. 164.
[302] Süllwold (1969), S. 475.
[303] Vgl. Kroeber-Riel/Weinberg (2003), S. 170.

wie auch *Trommsdorff* der Ansicht, dass die konative Komponente als Verhaltensintention zwischen der Einstellung und dem tatsächlichen Verhalten steht. Die Einstellung ist damit lediglich affektiv und kognitiv bedingt.[304] Nach der Theorie des geplanten Verhaltens von *Fishbein* und *Ajzen* gilt die Verhaltenintention ebenfalls als abhängige Variable und damit den globalen Motivationen nachgelagerte Größe.[305]

Zweifel an der von der Einstellungs-Verhaltens-Hypothese[306] postulierten Verhaltenswirksamkeit von Einstellungen haben in den 70er Jahren zu verschiedenen theoretischen Modellen geführt, die neben der Einstellung weitere für das Verhalten relevante Konstrukte berücksichtigen. Die Theorie des überlegten Handelns (Theory of Reasoned Action) von *Ajzen* und *Fishbein* aus dem Jahr 1975 hat dabei die größte Aufmerksamkeit erlangt.[307] Im Gegensatz zu der Mehrheit der Theorien, die sich mit Einstellungsänderungen beschäftigen, steht bei der Theorie des überlegten Handelns nicht die Einstellung gegenüber einem Objekt oder einer Person im Fokus. Sie beschäftigt sich vielmehr mit den Einstellungen eines Individuums gegenüber bestimmten Verhaltensweisen.[308] Die Verhaltensintention wird, der Theorie des überlegten Handelns zufolge, durch die beiden antezedenten Größen Einstellung gegenüber dem Verhalten und subjektive Norm determiniert. Die Einstellungskomponente bezieht sich auf die positive oder negative Beurteilung der Realisierung eines bestimmten Verhaltens.[309] So wird ein Individuum positiv gegenüber einem Verhalten eingestellt sein, wenn es die Durchführung des Verhaltens mit positiven Konsequenzen verbindet.[310] Über die subjektive Normkomponente wird darüber hinaus der individuell wahrgenommene soziale Druck zur Durchführung oder Unterlassung eines bestimmten Verhaltens aus der Umgebung eines Individuums erfasst.[311]

Ersetzt man die im Rahmen der Theorie des geplanten Verhaltens abgeleitete Einstellung gegenüber dem Verhalten durch die Einstellung gegenüber der Marke und spezifiziert die Verhaltensintention als die Absicht der Konsumenten, diese zu kaufen, kann aus der Theorie der

304 Vgl. Bauer/Sauer/Hendel (2004), S. 298; Trommsdorff (2004), S. 164.
305 Vgl. Ajzen/Fishbein (1975), S. 288ff. sowie die Ausführungen in Abschnitt 3.1.3.
306 Zur Einstellungs-Verhaltens-Hypothese vgl. Foscht/Swoboda (2007), S. 64; Kroeber-Riel/Weinberg (2003), S. 171; Lischka (2006), S. 68.
307 Vgl. Frey/Stahlberg/Gollwitzer (1993), S. 366f.; Herr (1995), S. 371.
308 Vgl. Frey/Stahlberg/Gollwitzer (1993), S. 367.
309 Vgl. Frey/Stahlberg/Gollwitzer (1993), S. 367.
310 Vgl. Braunstein/Huber/Herrmann (2005), S. 189.
311 Vgl. Frey/Stahlberg/Gollwitzer (1993), S. 367.

Einfluss der Einstellung gegenüber der Marke auf die Kaufabsicht erklärt werden.[312] In Übereinstimmung dazu postulieren und bestätigen *MacKenzie*, *Lutz* und *Blech* in allen vier von ihnen aufgestellten Modellen zur Wirkung der Einstellung gegenüber der Werbung einen direkten kausalen Zusammenhang zwischen der Einstellung gegenüber der Marke (A_b) und der Kaufabsicht (I_b).[313] Auf dieser Grundlage wird die folgende Hypothese über den Wirkungszusammenhang zwischen der Einstellung gegenüber der Marke und der Kaufabsicht formuliert:

H_{13}: Je positiver die Einstellung gegenüber der Marke, desto größer ist die Absicht der Konsumenten diese zu kaufen.

Im Zentrum verbreiteter Werbewirkungsmodelle, wie beispielsweise des zuvor erwähnten *Dual Mediation Modells*, steht die Annahme, dass die Einstellung gegenüber der Werbung auf die Einstellung gegenüber der Marke wirkt, welche ihrerseits die Kaufabsicht des Rezipienten beeinflusst.[314] Neben diesem indirekten Einfluss der Einstellung gegenüber der Werbung auf die Kaufabsicht, ist auch eine direkte Beziehung möglich. So postulieren *MacKenzie*, *Lutz* und *Blech* in einer der vier von ihnen aufgestellten Hypothesen zur Wirkung der Einstellung gegenüber der Werbung (Independent Influences Hypothesis), in Bezugnahme auf *Howard*,[315] einen direkten Einfluss der Einstellung gegenüber der Werbung auf die Kaufabsicht.[316] *Gorn*'s Studie über den Einfluss von Musik in der Werbung auf das Entscheidungsverhalten der Konsumenten liefert Unterstützung für das postulierte Wirkungsgefüge.[317] Analog dazu zeigt die Untersuchung von *Muehling*, dass die Einstellung gegenüber der Werbung einen direkten Einfluss auf die Kaufabsicht der Konsumenten nimmt.[318] Daraus folgt:

H_{14}: Je positiver die Einstellung gegenüber der Guerilla-Marketing-Aktion, desto größer ist die Absicht der Konsumenten, die beworbene Marke zu kaufen.

[312] Vgl. Ajzen (1993), S. 45.
[313] Vgl. MacKenzie/Lutz/Blech (1986), S. 131ff.
[314] Vgl. MacKenzie/Lutz/Blech (1986), S. 131.
[315] Vgl. Howard (1977), S. 22f.
[316] Vgl. MacKenzie/Lutz/Blech (1986), S. 132.
[317] Vgl. Gorn (1982), S. 97.
[318] Vgl. Muehling (1987), S. 45f.

Neben der Kaufabsicht wird im vorliegenden Untersuchungsmodell die Word-of-Mouth-Absicht als weitere Verhaltensintention berücksichtigt. *Sundaram*, *Mitra* und *Webster* definieren Word-of-Mouth als „a form of interpersonal communication among consumers concerning their personal experiences with a firm or a product“.[319] Word-of-Mouth setzt auf die soziale Interaktion zwischen zwei oder mehr Individuen sowie die Idee des Gruppeneinflusses und der Informationsdiffusion.[320] Im vorliegenden Beitrag wird nicht ein Unternehmen oder ein Produkt bzw. eine Marke, sondern ein Werbestimulus respektive eine Guerilla-Marketing-Aktion als Auslöser für die Word-of-Mouth-Kommunikation betrachtet. *Batra*, *Myers* und *Aaker* sind der Auffassung, dass Werbung in der Lage ist, die Word-of-Mouth Kommunikation zu stimulieren.[321] Guerilla-Marketing setzt auf überraschende, außergewöhnliche, Aufmerksamkeit erregende Aktionen, die idealerweise so originell sind, dass sie sich herumsprechen. Die Auslösung von Word-of-Mouth Kommunikation zählt zu den zentralen Prinzipien des Guerilla-Marketings.[322]

Die von *Ajzen* und *Fishbein* formulierten Überlegungen zur Theorie des geplanten Verhaltens legen die Schlussfolgerung nahe, dass die Einstellung gegenüber dem Verhalten die Verhaltensintention determiniert.[323] Tauscht man die Einstellung gegenüber dem Verhalten durch die Einstellung gegenüber der Guerilla-Marketing-Aktion aus und spezifiziert die Verhaltensintention als die Absicht der Konsumenten, Freunden, Kollegen und Bekannten von der Aktion zu berichten (Word-of-Mouth-Absicht), lässt sich folgende Hypothese postulieren:

H_{15}: Je positiver die Einstellung gegenüber der Guerilla-Marketing-Aktion, desto größer ist die Absicht der Konsumenten, über die Aktion zu sprechen.

3.2.5 Moderierende Wirkungen auf das postulierte Wirkgefüge zur Erklärung der Wirkweise einer Guerilla-Marketing-Kampagne

Über die Konzeptualisierung des Untersuchungsmodells hinaus, lassen sich weitere, differenziertere Erkenntnisse durch die Untersuchung des Einflusses moderierender Variablen auf Form und Stärke der Konstruktzusammenhänge gewinnen. Im vorliegenden Buch werden als

319 Sundaram/Mitra/Webster (1998), S. 527.
320 Vgl. Batra/Myers/Aaker (1996), S. 45.
321 Vgl. Batra/Myers/Aaker (1996), S. 47.
322 Vgl. Abschnitt 2.1.3.
323 Vgl. Ajzen/Fishbein (1975), S. 288ff.; sowie die Ausführungen in Abschnitt 3.1.3.

Moderatoren die beiden Größen Stimmungslage und Geschlecht näher betrachtet. Das Interesse am Zusammenhang zwischen Stimmung und Werbewirkung spiegelt sich in zahlreichen anwendungsorientierten empirischen Arbeiten wider,[324] wobei die Forschung im Bezug auf die Wertigkeit der Stimmung, im Sinne von schlecht oder gut, negativ oder positiv, bislang die größte Beachtung gefunden hat.[325]

Stimmungen und Emotionen stehen in engem Zusammenhang, dürfen jedoch nicht gleichgesetzt werden. Als „momentane, subjektiv erfahrene Befindlichkeit"[326] beschreiben Stimmungen im Gegensatz zu Emotionen mittel- bis langfristige emotionale Veränderungen, die in der Regel weniger intensiv erlebt werden, nicht so häufig divergieren, das Verhalten und kognitive Prozesse nicht unterbrechen[327] und keinen Auslöser, im Sinne eines bestimmten Ereignisses oder Objekts erfordern.[328] Stimmungen können auf Emotionen verstärkend oder moderierend einwirken.[329] Während sich Menschen in gedrückter Stimmung durch verstärktes Nachdenken von ihrer momentanen Befindlichkeit abzulenken versuchen, sind positiv gestimmte Menschen hingegen bemüht, ihre Stimmung intensiv zu erleben. Folglich wirkt eine gehobene Stimmung positiv auf das emotionale Involvement der Menschen.[330]

Nach *Silberer* und *Jaeckel* führen Persuasionsversuche bei gehobener Stimmung zu positiveren Einstellungen.[331] Der Einfluss der Stimmung auf die Einstellung gegenüber der Marke (A_b) ist durch eine Vielzahl von Studien belegt.[332] Das zentrale Ergebnis der Studie von *Gierl* zeigt, dass eine gehobene Stimmung durch einen Affekt-Transfer-Prozess direkt positiv auf die Einstellung zur beworbenen Marke übertragen werden kann. *Gierl* zufolge kann sich die Stimmung des Rezipienten darüber hinaus auch auf die Einstellung gegenüber der Werbung (A_{ad}) auswirken sowie die Wirkung von A_{ad} auf A_b steuern.[333]

[324] Vgl. Bless (1989), S. 112 sowie die dort angegebene Literatur; vgl. auch Gierl (2002), S. 167.
[325] Vgl. Nufer (2007), S. 132; Silberer/Jaekel (1996), S. 22.
[326] Schwarz (1987), S. 2.
[327] Vgl. Bless (1989), S. 16; Silberer/Jaekel (1996), S. 18.
[328] Vgl. Bohner (1990), S. 25f.; Silberer/Jaekel (1996), S. 20; Trommsdorff (2004), S. 72f.
[329] Vgl. Foscht/Swoboda (2007), S. 50; Silberer/Jaekel (1996), S. 17.
[330] Vgl. Jaekel (1997), S. 54f.
[331] Vgl. Silberer/Jaekel (1996), S. 125.
[332] Vgl. z.B. Petty et al. (1993), S. 9ff.
[333] Vgl. Gierl (2002), S. 163f.

Foscht und *Swoboda* wie auch *Silberer* und *Jaekel* sind der Auffassung, dass Einstellungen bei schlechter Stimmung verhaltenswirksamer sind.[334] Gemäß der *Reduction in Motivation Theory* von *Breckler* führt eine gehobene Stimmung zu einer geringeren Neigung, Informationen elaboriert zu verarbeiten.[335] Während positiv gestimmte Menschen aufwendige kognitive Prozesse vermeiden und oberflächlicher urteilen, also stärker darauf achten wie etwas gesagt wird und wer etwas sagt, setzen sich Menschen in gedrückter Stimmung intensiver mit der Qualität der Argumente auseinander.[336] Schlechte Stimmung motiviert und befähigt somit zur Informationsverarbeitung.[337] Die Befunde der Arbeit von *Bless* legen ebenfalls nahe, dass gehobene Stimmung das Ausmaß an Elaboration reduziert und negative Stimmung zu aufwendigen Denkprozessen motiviert, um so das Erleben der schlechten Stimmung zu vermeiden.[338] In Bezug auf die Erkenntnisse des Elaboration-Likelihood-Modells wirkt eine Kommunikation bei positiver Stimmung damit über den peripheren und bei schlecht gestimmten Menschen primär über den zentralen Weg auf Einstellungen.[339] Gemäß der Theorie von *Petty* und *Cacioppo* determinieren Einstellungen, die auf dem zentralen Weg gebildet wurden das entsprechende Verhalten stärker als Einstellungen, die das Resultat des peripheren Weges sind.[340] Basierend auf den angestellten Ausführungen besteht Anlass zur Annahme, dass die modellierten Konstruktzusammenhänge in Abhängigkeit der Stimmungslage variieren. So folgt:

H_{16}: Die Stärke der Konstruktzusammenhänge des konzipierten Hypothesensystems zur Untersuchung der Wirkung von Guerilla-Marketing-Aktionen steht in signifikantem Zusammenhang mit der Stimmungslage.

Die zweite in der vorliegenden Arbeit berücksichtigte moderierende Variable ist das Geschlecht der Rezipienten. Zahlreiche Untersuchungen haben bereits die Art und Tiefe der Verarbeitung von Werbebotschaften in Abhängigkeit des Geschlechts erforscht.[341] Beispielhaft sei hier die Studie von *Meyers-Levy* und *Maheswaran* genannt, die geschlechtsspezifische

[334] Vgl. Foscht/Swoboda (2007), S. 51; Silberer/Jaekel (1996), S. 127.
[335] Vgl. Breckler (1993), S. 467.
[336] Vgl. Fill (2001), S. 297f.; Silberer/Jaekel (1996), S. 122f.; Trommsdorff (2004), S. 74f.
[337] Vgl. Silberer/Jaekel (1996), S. 123.
[338] Vgl. Bless (1989), S. 104 und S. 114.
[339] Vgl. Silberer/Jaekel (1996), S. 122f.
[340] Vgl. Abschnitt 2.3.3.
[341] Vgl. u.a. Darley/Smith (1995); Hogg/Garrow (2003); Meyer-Levy/Sternthal (1991); Meyer-Levy/Maheswaran (1991); Wolin/Korgaonkar (2003).

Verarbeitungsunterschiede in Abhängigkeit des Ausmaßes der Schemakongruenz des präsentierten Reizes untersucht haben.[342] Eine mögliche Erklärung für geschlechtsspezifisch unterschiedliches Verhalten auf identische Stimuli liefert die Hirnforschung, mit dem Nachweis, dass die Gehirne von Männern und Frauen unterschiedlich arbeiten.[343] Nach *Mayer* und *Illmann* kann das Geschlecht der Konsumenten als Moderator im Rahmen der Werbekommunikation eine zentrale Rolle einnehmen.[344] So wird die Vermutung aufgestellt:

H_{17}: Die Stärke der Konstruktzusammenhänge des konzipierten Hypothesensystems zur Untersuchung der Wirkung von Guerilla-Marketing-Aktionen unterscheidet sich bei Frauen und Männern signifikant voneinander.

Aus der Verknüpfung der abgeleiteten Hypothesen und unter Einbeziehung der beiden betrachteten moderierenden Variablen, ergibt sich das folgende Hypothesensystem, das den Mittelpunkt der weiteren Überlegungen des vorliegenden Buches darstellt.

[342] Vgl. Meyer-Levy/Maheswaran (1991).
[343] Vgl. Meyer-Levy/Sternthal (1991); Vogt (2004), S. 60.
[344] Vgl. Mayer/Illmann (2000), S. 612.

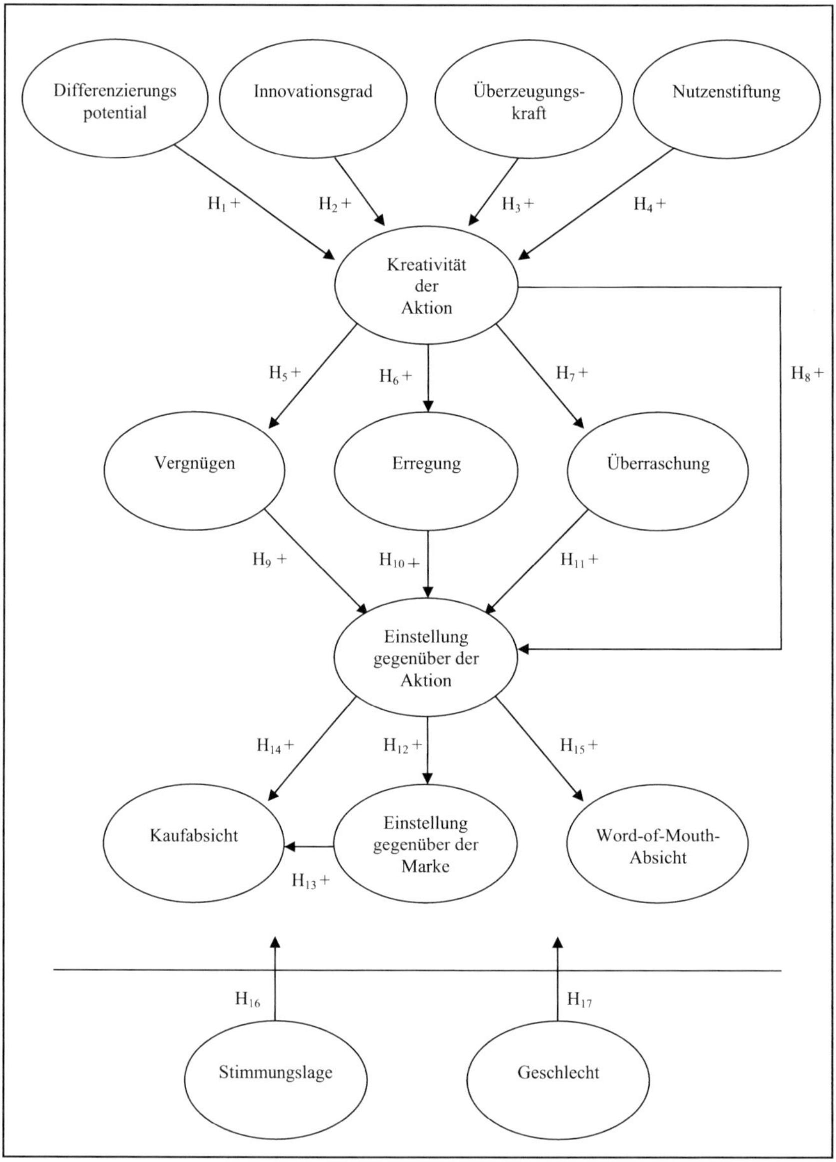

Abbildung 8: Hypothesensystem im Überblick

4 Empirische Überprüfung der Wirkweise von Guerilla-Marketing am Beispiel einer Kampagne der Automobilmarke MINI

4.1 Auswahl einer geeigneten Forschungsmethode

4.1.1 Partial Least Squares als Verfahren zur Schätzung von Kausalmodellen

Um das in Kapitel 3 aufgestellte Hypothesensystem mit der Realität konfrontieren zu können, bedarf es der Auswahl eines geeigneten mathematisch-statistischen Verfahrens.[345] Grundvoraussetzung eines adäquaten Verfahrens ist die Möglichkeit, kausale Beziehungen zwischen latenten Variablen zu überprüfen.[346] Um die nicht beobachtbaren, latenten Konstrukte *empirisch greifbar* machen zu können, müssen die latenten Variablen über geeignete Indikatoren operationalisiert werden.[347] Unter Indikatoren sind dabei „unmittelbar messbare Sachverhalte, welche das Vorliegen der gemeinten, aber nicht direkt erfassbaren Phänomene [...] anzeigen“ zu verstehen.[348] Um Verzerrungen der Ergebnisse der Modellschätzung zu vermeiden, muss ein geeignetes Analyseverfahren darüber hinaus die bei der Erfassung hypothetischer Konstrukte in der Regel auftretenden Messfehler berücksichtigen. Ungenauigkeiten resultieren beispielsweise aus fehlerhaften Aussagen der Probanden, der mangelnden Validität der Skalen sowie einer unzureichenden Präzision der Fragebögen.[349] Zudem sollte das Auswertungsverfahren in der Lage sein, Verbindungen zwischen den exogenen Größen im Modell abzubilden.[350]

Unter den Modellen, die kausale Beziehungen zwischen latenten, d.h. nicht beobachtbaren Variablen analysieren, erfreuen sich so genannte Strukturgleichungsmodelle[351] zunehmender Beliebtheit. Sie kombinieren die Charakteristika der Regressionsanalyse mit Bestandteilen der Faktorenanalyse.[352] Die Überprüfung der vier zuvor aufgestellten Anforderungen an ein adäquates Analyseverfahren zeigt, dass die linearen Strukturgleichungsmodelle alle Kriterien uneingeschränkt erfüllen.[353] Daher wird der Ansatz als methodische Grundlage zur Prüfung des konzeptualisierten Hypothesensystems in der vorliegenden Arbeit eingesetzt.

[345] Vgl. Braunstein (2001), S. 223; Ohlwein (1999), S. 218.
[346] Vgl. Peter (1997), S. 128.
[347] Vgl. Homburg/Giering (1996), S. 6.
[348] Kroeber-Riel/Weinberg (2003), S. 31.
[349] Vgl. Bagozzi (1994), S. 326f.
[350] Vgl. Peter (1997), S. 129.
[351] In der Literatur wird auch häufig der Begriff Kausalanalyse verwendet, vgl. Braunstein (2001), S. 224.
[352] Vgl. Braunstein (2001), S. 224.
[353] Vgl. Ohlwein (1999), S. 222.

Mit den beiden Analyseverfahren LISREL (Linear Structural Relations) und PLS (Partial Least Squares) stehen dem Forscher zwei unterschiedliche Methoden zur Schätzung von Strukturgleichungsmodellen zur Verfügung. Während kovarianzbasierte Verfahren wie LISREL die Modellparameter durch eine bestmögliche Reproduktion der empirischen Kovarianzmatrix der Indikatoren schätzen, erzeugen varianzbasierte Verfahren wie PLS aus verschiedenen regressionsanalytischen Komponenten eine Schätzung für das gesamte Modell.[354] Die Wahl eines geeigneten Strukturgleichungssystems erfordert nach *Eggert* und *Fassott* die Berücksichtigung der Notwendigkeit von reflektiven und formativen Operationalisierungen, da andernfalls eine Verletzung etablierter Gütekriterien vorliegen kann.[355] Im Gegensatz zum kovarianzbasierten Verfahren LISREL, ermöglicht das varianzbasierte Analyseverfahren PLS die Integration sowohl reflektiver als auch formativer Konstrukte in den Modellzusammenhang.[356]

Ein wesentlicher Vorteil des PLS-Ansatzes ist seine Vorhersage- und Praxisorientierung.[357] Darüber hinaus ermöglicht die sukzessive Vorgehensweise des Verfahrens die Schätzung umfangreicher Modelle mit einer größeren Indikatorenzahl.[358] Im Gegensatz zu kovarianzbasierten Verfahren wie LISREL, ist eine Modellschätzung mittels PLS bereits bei einer relativ geringen Stichprobengröße durchführbar.[359] Als Richtwert für die Zahl der zu erhebenden Datensätze empfehlen *Chin* und *Newsted* mindestens das Zehnfache der auf ein Konstrukt zielenden Pfade innerhalb des Hypothesensystems.[360] Ein weiterer Vorteil des Analyseverfahrens ist, dass PLS keine so genannten Heywood-Cases, also unsinnige Werte, hervorbringt.[361] Zudem stellt die Normalverteilung der empirischen Eingangsdaten bei PLS keine notwendige Voraussetzung dar, da es sich um ein nichtparametrisches Verfahren handelt.[362]

Im Gegensatz zu diesen als sehr vorteilhaft anzusehenden Eigenschaften, berechnet PLS die Konstruktwerte als lineare Kombinationen der mit Messfehlern behafteten Indikatoren. Konsequenz dieses Vorgehens ist, dass sowohl die Konstruktwerte wie auch die darauf aufbauen-

[354] Vgl. Huber et al. (2007), S. 6.
[355] Vgl. Eggert/Fassott (2003), S. 17.
[356] Vgl. Herrmann/Huber/Kressmann (2004), S. 2.
[357] Vgl. Huber et al. (2005), S. 12.
[358] Vgl. Hahn (2002), S. 103f.
[359] Vgl. Huber et al. (2007), S. 10.
[360] Vgl. Chin/Newsted (1999), S. 314.
[361] Vgl. Huber et al. (2007), S. 12.
[362] Vgl. Arnett/Laverie/Meiers (2003), S. 162. Huber et al. (2007), S. 10.

den Parameterschätzungen des Modells inkonsistent sind. Während PLS die Beziehung zwischen Konstrukt und Indikator überschätzt, werden die Verbindungen zwischen den latenten Variablen unterschätzt.[363] Da jedoch nachgewiesen werden konnte, dass sich die Über- und Unterschätzungen gegenseitig aufheben, ist die Beeinträchtigung der Vorhersagevalidität nicht zu befürchten.[364]

Mit Blick auf die mit diesem Buch verfolgte Zielsetzung, die darin besteht bereits existierende sowie bewährte Hypothesensysteme durch das Hinzufügen bisher noch nicht beachteter Konstrukte zu beleuchten sowie die Veränderung bzw. Vorhersage der Zielvariablen Kaufabsicht und Word-of-Mouth-Absicht möglichst gut zu erklären, scheint das varianzbasierte Analyseverfahren PLS am Besten geeignet.[365] Zum besseren Verständnis des Ansatzes werden im Folgenden zunächst die wesentlichen Unterschiede zwischen formativen und reflektiven Messmodellen diskutiert und im Anschluss geeignete Prüfkriterien für PLS-Modelle erarbeitet.

4.1.2 Unterscheidung zwischen reflektiven und formativen Konstrukten

Strukturgleichungsmodelle ermöglichen die Überprüfung der Beziehungen zwischen nicht direkt beobachtbaren Konstrukten, indem die latenten Variablen über geeignete Indikatoren ihren empirischen Bezug erhalten.[366] Die latenten Variablen können auf zwei unterschiedliche Arten, unter Zuhilfenahme eines reflektiven oder eines formativen Messmodells, operationalisiert werden.[367]

Der grundlegende Unterschied zwischen dem reflektiven und dem formativen Messmodell besteht in der Richtung der Kausalität zwischen der latenten Variable und den ihr zugeordneten Indikatoren.[368] Während in einem formativen Messmodell die beobachtbaren Indikatoren auf die latente Variable wirken, ist es in einem reflektiven Messmodell die latente Variable, welche die Ausprägung der Indikatoren verursacht.[369] Aus der Ursache-Wirkungs-Beziehung im reflektiven Messmodell kann man folgern, dass die Modifikation einer latenten Variablen,

[363] Vgl. Fornell/Cha (1994), S. 66f.; Chin/Newsted (1999), S. 328f.
[364] Vgl. Fornell/Cha (1994), S. 67.
[365] Vgl. Huber et al. (2005), S. 17.
[366] Vgl. Huber et al. (2007), S. 3.
[367] Vgl. Bollen/Lennox (1991), S. 305f.
[368] Vgl. Eggert/Fassott (2003), S. 5.
[369] Vgl. Fornell (1989), S. 163.

die Ausprägungen aller ihr zugeordneten Indikatoren verändert.[370] Da es sich im reflektiven Messmodell bei den Indikatoren um austauschbare Messungen der latenten Variablen handelt, sollten diese hochgradig miteinander korreliert sein. Bei einer fehlerfreien Messung der Indikatoren würden die einzelnen Indikatoren perfekt miteinander korrelieren, d.h. jeweils einen Korrelationskoeffizienten von Eins aufweisen. Mit steigendem Messfehler (δ) eines Indikators (x) sinkt dessen Korrelation mit den übrigen Indikatoren. Aufgrund der grundsätzlichen Austauschbarkeit der Indikatoren latenter reflektiver Variablen, können einzelne Indikatoren, die nur eine geringe Korrelation mit den restlichen Variablen aufweisen, problemlos eliminiert werden.[371] In mathematischer Schreibweise lassen sich die Annahmen des reflektiven Messmodells folgendermaßen veranschaulichen:[372]

$$X = \Gamma_x * \xi + \Delta$$

Dabei bezeichnet X den Vektor der manifesten Variablen ($x_1, x_2, \ldots, x_n$), Γ_x repräsentiert den Gewichtungsvektor ($\lambda_1, \lambda_2, \ldots, \lambda_n$) der Indikatoren, ξ die latente Variable und Δ stellt den Vektor der Störvariable ($\delta_1, \delta_2, \ldots, \delta_n$) dar.[373]

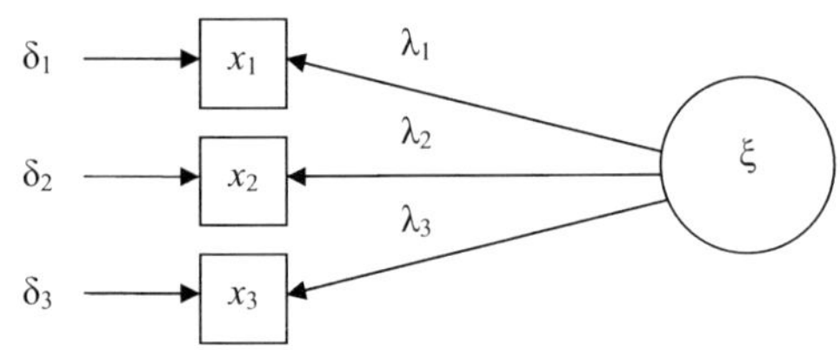

ξ latente Variable

x_i manifeste Variabe, für i = 1, 2, … n

λ_i Regressionskoeffizient von x auf ξ (Faktorladungen) , für i = 1, 2, … n

δ_i Vektor der Messfehlerterme (Störvariablen) , für i = 1, 2, … n

Abbildung 9: Reflektives Messmodell[374]

Während die Eliminierung einzelner gering korrelierter Items aus dem Indikatorenkatalog des operationalisierten reflektiven Konstrukts unproblematisch ist, zeigt sich bei formativen

[370] Vgl. Bollen/Lennox (1991), S. 308.
[371] Vgl. Bollen/Lennox (1991), S. 308.
[372] Vgl. Backhaus et al. (2003), S. 346.
[373] Vgl. Eggert/Fassott (2003), S. 5.
[374] Quelle: In Anlehnung an Eberl (2004), S. 3.

Messmodellen ein anderes Bild. Formative Konstrukte werden durch die Gesamtheit ihrer Indikatoren definiert, so dass die Entfernung eines Indikators den konzeptionellen Inhalt des operationalisierten Konstrukts verändern würde.[375] Da die Indikatoren in einem formativen Messmodell im Gegensatz zum reflektiven Messmodell nicht miteinander korrelieren müssen,[376] ist es möglich, dass die Veränderung eines einzelnen Indikators ausschließlich auf die latente Variable wirkt und alle übrigen Indikatoren unbeeinflusst bleiben.[377] In mathematischer Schreibweise lässt sich die Kausalbeziehung zwischen der latenten Variable und den beobachteten Indikatoren wie folgt darstellen:[378]

$$\eta = \gamma_1 x_1 + \gamma_2 x_2 + \ldots + \gamma_n x_m + \zeta$$

Die Formel beschreibt die latente Variable (η) als Linearkombination der mit den Koeffizienten ($\gamma_1, \ldots, \gamma_n$) gewichteten Indikatoren ($x_1, x_2, \ldots, x_n$). Im Gegensatz zum reflektiven Messmodell existieren Messfehler (ζ) im formativen Modell lediglich auf der Ebene der latenten Variablen.[379]

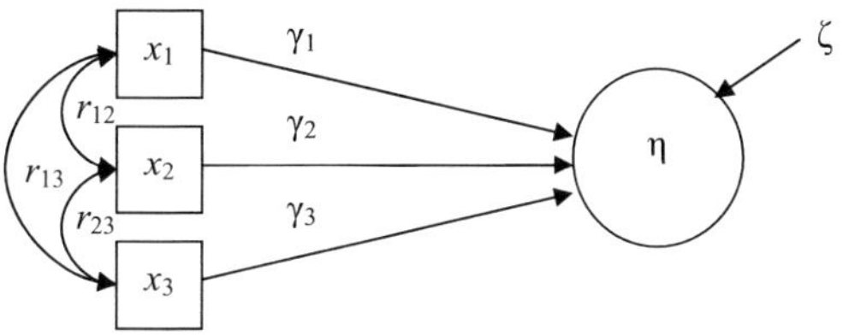

η latente Variable
ζ Messfehlerterm (Störvariable)
x Vektor der manifesten Variable
γ Regressionskoeffizient von η auf x (Faktorladungen)
r Korrelationsmatrix der beobachteten Variablen

Abbildung 10: Formatives Messmodell[380]

[375] Vgl. Diamantopoulos (1999), S. 453f.; Eggert/Fassott (2003), S. 6; Rossiter (2002), S. 307.
[376] Vgl. Eggert/Fassott (2003), S. 4.
[377] Vgl. Nunnally/Bernstein (1994), S. 489.
[378] Vgl. Bollen/Lennox (1991), S. 306.
[379] Vgl. Eggert/Fassott (2003), S. 4.
[380] Quelle: In Anlehnung an Eberl (2004), S. 5.

4.1.3 Prüfkriterien für PLS-Modelle

Um eine Aussage über die Validität (Gültigkeit) und Reliabilität (Zuverlässigkeit) der Beziehungen im Modell wie auch des gesamten Hypothesensystems machen zu können, stehen verschiedene Prüfkriterien zur Verfügung. Zur Evaluation der Güte der Modellschätzung wird zwischen Kriterien zur Beurteilung der Güte des Messmodells und des Strukturmodells differenziert.[381] Darüber hinaus ist auf Messmodellebene eine zusätzliche Unterscheidung zwischen reflektiven und formativen Operationalisierungen vorzunehmen.[382]

Im Zentrum der Gütebeurteilung *reflektiver Messmodelle* stehen die Höhe der Ladung der Indikatoren auf das Konstrukt sowie deren Signifikanz.[383] Sie stellen die Entscheidungskriterien für die Elimination einzelner Indikatoren aus dem reflektiven Messmodell dar. Generell sollten die Faktorladungen einen Wert größer 0,8 aufweisen.[384] Bei Erfüllung der Konvergenzkriterien, insbesondere der durchschnittlich erfassten Varianz, ist jedoch auch eine Faktorladung von mindestens 0,6 als akzeptabel anzusehen.[385] Die Schätzung der Signifikanz der Ladung lässt sich über die Berechnung der t-Werte vornehmen. Dabei sollten die ermittelten t-Wert die kritischen Grenze von 1,66 für ein Signifikanzniveau von 5% überschreiten.[386]

Neben der Untersuchung der Faktorladungen und t-Werte gibt es verschiedene weitere Kriterien zur Gültigkeitsbeurteilung reflektiver Messmodelle. Zur Konvergenzprüfung lassen sich die beiden Kriterien Konstruktreliabilität und durchschnittlich erfasste Varianz (DEV) heranziehen.[387] Während die Konstruktreliabilität eine Aussage darüber macht, inwieweit sich ein Konstrukt zur Erklärung der zu ihm stehenden reflektiven Indikatorvariablen eignet, gibt die durchschnittlich erfasste Varianz Aufschluss darüber, wie hoch der durch ein Konstrukt erklärte Varianzanteil manifester Variablen in Relation zum nicht erklärten Varianzanteil ist. Um von einer guten Konvergenzvalidität des Messmodells sprechen zu können, sollte die Konstruktreliabilität einen Wert über 0,7 aufweisen und die durchschnittlich erfasste Varianz größer als 0,6 sein.[388] Zusätzlich zur Prüfung auf Konvergenzvalidität ist das reflektive Messmodell ebenso auf Diskriminanz- und Vorhersagevalidität hin zu untersuchen. Als Gütekri-

[381] Vgl. Huber et al. (2007), S. 34f.
[382] Vgl. Hulland (1999), S. 201.
[383] Vgl. Hahn (2002), S. 105.
[384] Vgl. Herrmann/Huber/Kressmann (2006), S. 56.
[385] Vgl. Huber et al. (2007), S. 87.
[386] Vgl. Huber et al. (2007), S. 35.
[387] Vgl. Huber et al. (2007), S. 89f.
[388] Vgl. Huber et al. (2007), S. 35f.

terium zur Beurteilung der Diskriminanzvalidität dient das Fornell-Larcker-Kriterium. Letzteres gilt als erfüllt, wenn die durchschnittlich erfasste Varianz einer latenten Variablen größer ist als jede quadrierte Korrelation dieser Variablen mit einer anderen latenten Variablen.[389] Mit anderen Worten muss die gemeinsame Varianz zwischen der latenten Variablen und ihren Indikatoren größer als die gemeinsame Varianz mit anderen latenten Variablen sein.[390] Die Vorhersagevalidität lässt sich über Stone Geissers Q^2 prüfen. Als Kriterium zur Bestimmung der Schätzrelevanz zeigt es an, wie gut ein latentes Konstrukt durch die ihm zugeordneten Indikatoren rekonstruiert werden kann. Liegt der Q^2-Wert über Null besitzt das Modell Vorhersagerelevanz.[391] Die Höhe und Korrelation der Residuen dienen zur Abschätzung der Unidimensionalität der Konstruktmessung. Nach *Gefen, Straub* und *Boudreau* liegt Unidimensionalität vor, wenn die Indikatoren eines Konstrukts nur miteinander korrelieren und keine wieteren Korrelationsmuster innerhalb des Indikatorenbündels eines Konstruktes vorliegen.[392]

Während bei der Operationalisierung reflektiver Messmodelle die Höhe der Ladung der einzelnen Indikatoren auf das entsprechende Konstrukt sowie deren Signifikanz von primärem Interesse sind, richtet sich der Blick im *formativen Messmodell* auf die multiplen Regressionskoeffizienten zwischen dem Konstrukt und den Indikatoren sowie deren Signifikanz.[393] Über die Höhe des Regressionskoeffizienten kann auf die Vorhersagevalidität eines Indikators hinsichtlich der latenten Variablen geschlossen werden. Die Ermittlung der entsprechenden t-Werte liefert darüber hinaus Anhaltspunkte zur Reliabilitätbeurteilung des Regressionskoeffizienten.[394] Zur weiteren Validierung formativer Messmodelle ist die Diskriminanzvalidität der Konstrukte zu beurteilen. Hier kann die Eigenschaft der Prädikatorenspezifikation zu Hilfe gezogen werden. Über die Berechnung von konkreten Werten für alle latenten Konstrukte über alle Individuen erhält man eine Korrelationsmatrix der Konstruktwerte. Sind alle Korrelationen der Matrix kleiner als 0,9, liegt hinreichende Diskriminanz vor.[395] Anhand der Korrelationsmatrix lassen sich bereits erste Anzeichen für das Vorhandensein von Multikollinearität zwischen den Indikatoren erkennen. So ist ein hohes Maß an Multikollinearität zu vermuten, wenn die Korrelationskoeffizienten nahe dem Extremwert 1 liegen.[396] Die eigentliche

[389] Vgl. Fornell/Larcker (1981), S. 46.
[390] Vgl. Huber et al. (2007), S. 36.
[391] Vgl. Fornell/Cha (1994), S. 72f.
[392] Vgl. Gefen/Straub/Boudreau (2000), S. 25.
[393] Vgl. Huber et al. (2007), S. 38.
[394] Vgl. Huber et al. (2007), S. 38.
[395] Vgl. Fritz (1995), S. 136.
[396] Vgl. Backhaus et al. (2003), S. 42.

Prüfung des formativen Messmodells auf Multikollinearität erfolgt über die Berechnung des Variance Inflation Factors (VIF). Er gibt den Anteil der Varianz eines Indikators an, den die restlichen Indikatoren des Konstrukts erklären können.[397] Damit Multikollinearität ausgeschlossen werden kann, sollte der errechnete VIF-Wert kleiner 10 sein.[398] *Tabelle 1* vermittelt einen Überblick über die Prüfkriterien reflektiver und formativer Messmodelle.

	Reflektives Messmodell	**Formatives Messmodell**
Gewichte	Irrelevant	(keine Vorgabe)
Ladung	> 0,8	Irrelevant
t-Wert	Einseitig > 1,66	Zweiseitig > 1,98
Multikollinearität	(nicht möglich)	Variance Inflation Factor < 10
Vorhersagevalidität	Stone-Geissers Q^2 (Kommunalität) > 0	(nicht möglich)
Unidimensionalität	Höhe und Korrelation der Residuen; Kreuzladungen	(nicht möglich)
Konvergenz: **DEV** **Konstruktreliabilität**	 > 0,6 > 0,7	 (nicht möglich) (nicht möglich)
Diskriminanz	Fornell-Larcker-Kriterium	Konstruktkorrelationen < 0,9

Tabelle 1: Konservative Prüfkriterien für PLS-Modelle auf Messmodellebene[399]

Zur Evaluation der Güte der Modellschätzung bedarf es neben der Betrachtung der PLS-Gütekriterien auf Messmodellebene auch der Untersuchung der hypothetischen Beziehungen zwischen den Modellelementen. Aus den mittels PLS berechneten Strukturparametern (Pfadkoeffizienten) lässt sich auf die Einflussstärke wie auch auf die Wirkungsrichtung eines Konstrukts auf ein kausal nachfolgendes schließen. Während die Vorzeichen der Strukturparameter eine Aussage über die Plausibilität des Untersuchungsmodells zulassen,[400] geben die Höhe der Strukturparameter sowie deren Signifikanzen Aufschluss über die Güte der po-

[397] Vgl. Huber et al. (2007), S. 39.
[398] Vgl. Gujarati (2003), S. 362.
[399] In Anlehnung an Huber et al. (2007), S. 45.
[400] Plausibilität liegt vor, wenn die Vorzeichen der Strukturparameter der signifikanten Hypothesen mit den Erwartungen aus der Hypothesenherleitung übereinstimmen.

stulierten Hypothesen.[401] Dabei sollten die Pfadkoeffizienten einem Wert größer 0,1 annehmen und die errechneten T-Werte für ein Signifikanzniveau von 5% größer 1,98 sein.[402]

Neben der Prüfung auf statistische Signifikanz lassen sich auf Strukturmodellebene weitere Gütekriterien, wie das Bestimmtheitsmaß R^2, Stone-Geissers Q^2 und der Variance Inflation Factor (VIF), heranziehen. Der R^2-Wert, der für alle endogenen Konstrukte des Untersuchungsmodells berechenbar ist, ermöglicht eine Aussage über die erklärte Varianz eines Konstrukts.[403] Dabei sollte der Anteil der Varianz des Konstrukts, der durch die antezedenten Größen erklärt werden kann, mindestens 30% betragen.[404] Das auf Redundanzen basierende Stone-Geissers Q^2 dient der Beurteilung der Vorhersagevalidität des Strukturmodells. Der Q^2-Wert ist für alle endogenen, reflektiven Konstrukte ermittelbar und sollte einen Wert größer Null annehmen.[405] Über die Evaluation der R^2- und Q^2-Werte hinaus, ist das Modell auf Multikollinearität hin zu prüfen. Als Gütekriterium für die Multikollinearität zwischen den Konstrukten dient der Variance Inflation Factor (VIF). Liegt ein Wert kleiner 10 vor, kann das Vorhandensein von Multikollinearität ausgeschlossen werden.[406] *Tabelle 2* fasst die Prüfkriterien für die PLS-Strukturmodelle zusammen.

Strukturmodell	
Strukturparameter	(keine Vorgabe)
t-Wert	Zweiseitig > 1,98
R^2	> 0,3
Multikollinearität	Variance Inflation Factor < 10
Vorhersagevalidität (endogene reflektive Konstrukte)	Stone-Geissers Q^2 (Redundanz) > 0

Tabelle 2: Konservative Prüfkriterien für PLS-Strukturmodelle[407]

[401] Vgl. Huber et al. (2007), S. 42.
[402] Vgl. Huber et al. (2007), S. 104.
[403] Vgl. Huber et al. (2007), S. 42.
[404] Vgl. Chin (1998), S. 323.
[405] Vgl. Huber et al. (2005), S. 32.
[406] Vgl. Huber et al. (2007), S. 108ff.
[407] In Anlehnung an Huber et al. (2007), S. 45.

4.2 Konzeption der Studie und Erhebung der Daten

4.2.1 Untersuchungsdesign und Befragungseinheit

Im Anschluss an die Formulierung des Hypothesensystems und der Auswahl einer adäquaten Forschungsmethode, wird im folgenden Abschnitt die Frage erörtert, inwieweit das in *Abschnitt 3.2* auf Basis theoretischer Überlegungen entwickelte Modell zur Messung der Wirkung von Guerilla-Marketing-Aktionen eine geeignete Abbildung der Realität darstellt. Zur Konfrontation und Evaluation des Modells dient eine empirische Untersuchung.

Die Konzeption einer empirischen Studie erfordert zunächst die Auswahl einer zur Generierung des Datenmaterials geeigneten Methode. Im vorliegenden Buch wird auf eine schriftliche Online-Befragung mit Hilfe eines standardisierten Fragebogens zurückgegriffen. Die Online-Befragung stellt einen Spezialfall der klassischen schriftlichen Befragung dar. Die Erhebung der Daten erfolgt nicht durch Zusenden des Fragebogens per Post, sondern im Internet via Online-Fragebogen.[408] Als vorteilhaft erweist sich die Onlinebefragung durch ihre zusätzliche Kostenersparnis im Vergleich zur klassischen schriftlichen Befragung. Zudem besteht, im Gegensatz zur klassischen schriftlichen Erhebung, durch den automatischen Fragenabruf nicht die Gefahr, dass Fragen versehentlich nicht beantwortet werden.[409] Ein weiterer wesentlicher Vorteil der Online-Befragung ist ihre Schnelligkeit. In nur wenigen Tagen ist meist eine hohe Probandenzahl realisierbar.[410] Nachteilig ist, analog zur klassischen schriftlichen Befragung, die Unkontrollierbarkeit der Erhebungssituation[411] und die fehlende Möglichkeit der Probanden, bei Verständnisproblemen Fragen an den Interviewer stellen zu können.[412]

Neben der Bestimmung der Datenerhebungsmethode ist ebenfalls ein geeigneter Untersuchungsgegenstand auszuwählen, anhand dessen das Phänomen Guerilla-Marketing betrachtet werden kann. So findet die vorliegende Untersuchung am Beispiel der Automobilmarke MINI statt. Vor dem Hintergrund zunehmender Reizüberflutung, mangelnder Akzeptanz der Kunden gegenüber klassischem Marketing sowie oftmals gesättigten Märkten machen sich Guerilla Marketeer das Prinzip der Überraschung zunutze und versuchen durch unerwartete und originelle Aktionen eine gezielte Aufmerksamkeit zu generieren. Mit dem Automobilsektor

[408] Vgl. Bronner/Appel/Wiemann (1999), S. 144.
[409] Vgl. Pepels (1995), S. S. 208f.
[410] Vgl. Zerr (2001), S. 12f.
[411] Vgl. Friedrichs (1990), S. 237.
[412] Vgl. Pepels (1995), S. 208f.

wurde eine Branche gewählt, die durch nur schwer wahrnehmbare Qualitätsunterschiede zwischen den Produkten der einzelnen Markenanbieter sowie erhebliche Werbeinvestitionen,[413] was auf eine Informationsüberflutung der potentiellen Konsumenten und ein hohes Maß an Konkurrenzintensität hindeutet, gekennzeichnet ist. Damit ist die Automobilbranche prädestiniert für den Einsatz des Guerilla-Marketing. Um die Auskunftsfähigkeit der Probanden sicherzustellen, sollte der ausgewählte Untersuchungsgegenstand über eine hohe Bekanntheit in der Bevölkerung verfügen. Aus der außerordentlichen Anziehungskraft des MINI und dem extremen Erfolg seit seiner Wiedereinführung im Jahr 2002, kann auf eine hohe Bekanntheit geschlossen werden. Außerdem erscheint es wichtig, dass die Marke bereits Erfahrung mit dem Guerilla-Marketing aufweist. BMW hat als einer der ersten Global Player bei der Einführung der Marke MINI auf unerwartete, überraschende und aufmerksamkeitsstarke Guerilla-Marketing-Aktionen gesetzt.[414]

Der für die Untersuchung konzipierte Fragebogen kann in vier Bereiche unterteilt werden. Als Einstieg in den Fragebogen wurden die Probanden zunächst nach ihrer momentanen Befindlichkeit befragt. Dazu wurden sie gebeten anhand von vier Statements (Ich fühle mich fröhlich, Ich bin guter Stimmung, Ich bin vergnügt, Ich bin heiter) zu beurteilen, wie zutreffend jede der Aussagen ihre momentane Stimmung widerspiegelt. Dieser Teil wurde in die Befragung aufgenommen, um die Gesamtstichprobe in einem späteren Modellvergleich nach gehobener und gedrückter Stimmung in zwei Gruppen einteilen zu können. Die Erhebung der Stimmungslage der Probanden erfolgte vor der eigentlichen Befragung, um mögliche Einflüsse der Befragung auf die Stimmung ausschließen zu können. Im Anschluss wurde den Probanden ein Bild von einer Guerilla-Marketing-Aktion der Marke MINI inklusive kurzer Szenariobeschreibung und der Bitte vorgelegt, sich bei der Beantwortung der folgenden Fragen auf diese Guerilla-Marketing-Aktion zu beziehen. Nach der Präsentation des Bildes erfolgte der eigentliche Hauptteil des Fragbogens, der die zur Operationalisierung der Konstrukte des Hypothesengeflechts erforderlichen Indikatorvariablen abfragt. Um die Verständlichkeit sicherzustellen, wurde jedem Itemkatalog ein präzise formulierter Erläuterungstext vorgeschaltet. So wurden die Probanden vor der Messung der emotionalen Reaktionen auf die Guerilla-Marketing-Aktion ausdrücklich darauf hingewiesen, dass sie sich bei der Beantwortung der Fragen darauf konzentrieren sollen, welche Reaktionen die Guerilla-Mar-

[413] 2006 lag der Automobilmarkt mit 1434,4 Mio. Euro auf Platz zwei der Rangliste der Branchen mit den höchsten Bruttowerbeinvestitionen, vgl. Wibbelt (2007), S. 63.

[414] Vgl. Schulte/Pradel (2006), S. 63.

keting-Aktion bei ihnen ausgelöst hat und nicht, wie sie die Aktion an sich beschreiben würden. Vor der Abfrage der Kaufabsicht wurden die Probanden gebeten, unabhängig von den ihnen zur Verfügung stehenden finanziellen Mitteln zu entscheiden, um so lediglich die Kaufabsicht und nicht weitere Umstände, wie finanziellen Möglichkeiten zu messen. Zum Abschluss der Befragung wurden grundlegende Soziodemographika der Probanden zum Zweck deskriptiver Auswertungen erfasst.

Der Aufbau des Fragebogens orientiert sich im Wesentlichen an den theoretischen Überlegungen des *Abschnitts 3.2*. Bei der Reihenfolge der Abfrage der einzelnen Konstrukte wurde jedoch darauf geachtet, dass die Einstellung gegenüber der Werbung und die Einstellung gegenüber der Marke sowie die Kaufabsicht und die Word-of-Mouth-Absicht nicht unmittelbar hintereinander abgefragt wurden. Wird die Einstellung gegenüber der Marke direkt im Anschluss an die Einstellung gegenüber der Werbung gemessen, kann es sein, dass der Werbestimulus die Einstellung gegenüber der Marke stärker als in einer realen Situation beeinflusst (Priming Effekt).[415]

4.2.2 Deskriptive Auswertungen

Nach der Beschreibung des Untersuchungsdesigns und der Befragungseinheit sollen nun die deskriptiven Aspekte der Stichprobe betrachtet werden. Als Datengrundlage für die empirische Analyse dienten 227 verwertbare Fragebögen. Die Auswertung der soziodemographischen Merkmale erfolgte deskriptiv mittels Excel. Die Stichprobendaten zeigen, dass die Studienteilnehmer überwiegend zwischen 20 und 39 Jahren alt (72,69%) sowie ledig (81,5%) sind. Bezüglich der Geschlechter liegt eine nahezu gleichmäßige Verteilung der Probanden vor. Betrachtet man die beruflichen Tätigkeitsfelder der Befragten, lässt sich erkennen, dass sich die Studie aus rund zwei Drittel Studenten (63,88%) und einem Drittel Personen anderer Berufstände zusammensetzt. Da Studenten im Allgemeinen über ein ausreichendes Maß an Marken- bzw. Kauferfahrung verfügen, ist die Aussagekraft der Daten durch den hohen Studentenanteil nicht gefährdet. Über die Häufigkeitsverteilung der Probanden hinsichtlich der demographischen Merkmale Geschlecht, Alter, Familienstand und Beruf erteilt die folgende *Abbildung 11* Auskunft.

415 Vgl. Lischka (2006), S. 94.

Neben den demographischen Merkmalen ist es für die spätere Interpretation der Ergebnisse zudem von Interesse, wie interessiert die Probanden an Autos im Allgemeinen sind. Es zeigt sich, dass rund 56% der Probanden interessiert bis sehr interessiert und nur knapp 20% weniger bis gar nicht an Autos interessiert sind. Betrachtet man das Interesse an Autos nach Frauen und Männern getrennt, so lässt sich lediglich eine leichte Tendenz zu einem verstärkten Interesse der männlichen Probanden identifizieren. *Abbildung 12* verdeutlicht die Verteilung über die Skalenpunkte sehr interessiert bis gar nicht interessiert.

	Häufigkeit	
	Absolut	**Prozentual**
Geschlecht		
Männlich	109	48,02
Weiblich	118	51,98
Alter		
Unter 20	1	0,44
20-24	78	34,36
25-29	87	38,33
30-39	36	15,86
40-49	3	1,32
50 und älter	13	5,73
Familienstand		
Ledig	185	81,50
Verheiratet	39	17,18
Geschieden	2	0,88
Verwitwet	1	0,44
Beruf		
Student(in)	145	63,88
Auszubildende(r)	2	0,88
Arbeiter(in)	0	0,00
Angestellte(e)	44	19,38
Beamte(r)	6	2,64
Hausfrau/Hausmann	2	0,88
Rentner(in)	3	1,32
Selbstständige	20	8,81
Sonstiges	5	2,20

Abbildung 11: Beschreibung der Stichprobe anhand soziodemografischer Merkmale

	Absolut	prozentual	Frauen	Männer
sehr interessiert	44	19,38	14	30
Interessiert	83	36,56	45	38
Neutral	55	24,23	33	22
weniger interessiert	41	18,06	24	17
gar nicht interessiert	4	1,76	2	2

Abbildung 12: Interesse an Autos im Allgemeinen

4.3 Operationalisierung der Modellkonstrukte

4.3.1 Differenzierungspotential und Innovationsgrad

Im folgenden Abschnitt werden die latenten Variablen des Untersuchungsmodells operationalisiert sowie die Operationalisierungen der zu untersuchenden Konstrukte evaluiert. Mit Ausnahme des Geschlechts handelt es sich bei allen Konstrukten des Untersuchungsmodells um latente Variablen, die sich einer direkten Mess- und Beobachtbarkeit entziehen und daher durch eine Operationalisierung mittels Indikatoren ihren empirischen Bezug erhalten.[416] Sämtliche Konstrukte des aufgestellten Modells können als die Ursache ihrer Indikatoren interpretiert werden, was auf einen reflektiven Zusammenhang zwischen dem jeweiligen Konstrukt und seinen Indikatoren schließen lässt.[417] Die Indikatorvariablen werden über einheitlich gestaltete sieben-stufige Likert-Skalen, mit den beiden Extrempolen *trifft überhaupt nicht zu* und *trifft voll und ganz zu*, abgefragt. Die identifizierten Items wurden dabei jeweils so angepasst und formuliert, dass ein Bezug zur Untersuchung hergestellt werden kann. Die Beurteilung der Modellgüte basiert auf den in *Abschnitt 4.1.3* beschriebenen konservativen Prüfkriterien für reflektive Messmodelle.

Die Indikatoren zur Messung des Differenzierungspotentials wie auch des Innovationsgrades der Guerilla-Marketing-Aktion wurden in Anlehnung an *Altsech* formuliert. In vier aufeinander aufbauenden Studien beschäftigt sich der Autor mit der Wahrnehmung und Wirkung von Kreativität. Die finale von ihm aufgestellte Skala zur Messung der Originalität/ Neuartigkeit eines Stimulus besteht aus 14 Items.[418] Unter Berücksichtigung des inhaltlichen Bezugs der Indikatoren werden vier der insgesamt 14 Items zur Operationalisierung des Konstruktes Differenzierungspotential und weitere vier zur Operationalisierung des Konstrukts Innova-

[416] Vgl. Homburg (1992), S. 499f.
[417] Vgl. Fornell (1989), S. 163.
[418] Vgl. Altsech (1996), S. 29.

tionsgrad herangezogen. Die restlichen Indikatoren werden zum Teil aus semantischen Gründen,[419] zum Teil wegen befürchteter mangelnder Verständlichkeit[420] nicht in die Untersuchung aufgenommen. Zunächst zum Konstrukt Differenzierungspotential. Zur Prüfung der Indikatoren hinsichtlich ihrer Eignung in der Studie, wurden zunächst mittels PLS die zur Gütebeurteilung geforderten Faktorladungen und t-Werte der Indikatoren ermittelt. Es zeigte sich, dass die Faktorladungen von vier der fünf Indikatoren den kritischen Wert von 0,8 überschreiten.[421] Indikator (Y_1) weicht mit einem Wert von 0,793 sehr geringfügig von der Anforderung ab, was jedoch im Zusammenhang mit der Erfüllung der Konvergenzkriterien, insbesondere der durchschnittlich erfassten Varianz (DEV), als akzeptabel angesehen werden kann. Für das Konstrukt Differenzierungspotential ist der Indikator *originell* (Y_2) mit einer Faktorladung in Höhe von 0,880 der Bedeutendste. Da sich alle Faktorladungen sinnvoll interpretieren lassen, ist die Plausibilität des Modells gegeben. Damit die Faktorladungen auf dem 5% Niveau signifikant sind, müssen die t-Werte den geforderten Wert von 1,66 überschreiten.[422] Die mittels der Prozedur Bootstrapping in PLS ermittelten t-Werte ergaben ausschließlich hoch signifikante Ergebnisse. *Tabelle 3* gibt einen Überblick über die Operationalisierung des Konstrukts.

Indikatoren	Faktorladung	t-Wert
Die Guerilla-Marketing-Aktion ist anders. (Y_1)	0,793	18,969
Die Guerilla-Marketing-Aktion ist originell. (Y_2)	0,880	65,383
Die Guerilla-Marketing-Aktion ist einzigartig. (Y_3)	0,829	37,781
Die Guerilla-Marketing-Aktion ist selten. (Y_4)	0,803	21,570

Tabelle 3: Indikatoren Differenzierungspotential

Im Anschluss an die Untersuchung der Faktorladungen und t-Werte sind die Prüfgrößen der durchschnittlich erfassten Varianz (DEV), der Konstruktreliabilität sowie das Fornell-Larcker-Kriterium zu ermitteln. Die beiden erstgenannten Gütekriterien werden herangezogen, um die Konvergenzvalidität des reflektiven Modells zu beurteilen. Mit einer durchschnittlich erfassten Varianz in Höhe von 0,684 und einer Konstruktreliabilität von 0,960 werden die

[419] Die vorliegende Untersuchung beschränkt sich auf *positiv* formulierte Items wie *originell* und *anders*. *Negativ* formulierte Items wie *gewöhnlich* oder *typisch* werden nicht in die Befragung aufgenommen.
[420] Item *nonkonformistisch*.
[421] Vgl. Herrmann/Huber/Kressmann (2006), S. 56.
[422] Vgl. Huber et al. (2007), S. 35.

jeweils geforderten Mindestwerte überschritten, sodass insgesamt von einer guten Konvergenzvalidität des Messmodells ausgegangen werden kann. Neben der Konvergenzvalidität ist auch das zur Beurteilung der Diskriminanzvalidität herangezogene Fornell-Larcker-Kriterium erfüllt, die quadrierten Konstruktkorrelationen sind geringer als die DEV. Die Prüfung der Vorhersagevalidität wird unter Zuhilfenahme Stone-Geissers Q^2 vorgenommen. Die Berechnung des Q^2-Wertes zeigt einen Wert deutlich größer Null, woraus man schließen kann, dass sich das Konstrukt gut durch seine Indikatoren rekonstruieren lässt. Damit kann dem Modellkonstrukt auch Vorhersagevalidität bescheinigt werden. *Tabelle 4* verschafft einen Überblick über die Ergebnisse.

Prüfkriterien	
Plausibilität	Erfüllt
Konvergenz: Durchschnittlich erfasste Varianz (DEV) Konstruktreliabilität	 0,684 0,960
Diskriminanz: Fornell-Larcker-Kriterium	Erfüllt
Vorhersagevalidität (Q^2)	0,466

Tabelle 4: Prüfkriterien Differenzierungspotential

Wie weiter oben bereits beschrieben, entstammen vier der zur Messung des Innovationsgrades der Guerilla-Marketing-Aktion herangezogenen Indikatoren der Itembatterie von *Altsech*.[423] Das fünfte zur Operationalisierung verwendete Item *überraschend* (Y_9) geht auf *Becker* zurück.[424] Die Berechnung der t-Werte ergab für alle fünf Indikatoren hoch signifikante Ergebnisse. Darüber hinaus sind alle Faktorladungen ausreichend hoch. Wie zuvor kann auch hier, aufgrund der Erfüllung der Konvergenzkriterien, eine Faktorladung von knapp unter 0,8, wie sie bei Indikator (Y_6) vorliegt, akzeptiert werden. Das Konstrukt Innovationsgrad wird durch die beiden Indikatoren *überraschend* (Y_9) und *innovativ* (Y_5) am Besten wiedergegeben. Des Weiteren ist das Kriterium der Plausibilität erfüllt, da die Faktorladungen sinnvoll zu interpretieren sind. *Tabelle 5* zeigt die Operationalisierung des Konstruktes Innovationswert.

[423] Vgl. Altsech (1996), S. 29.
[424] Vgl. Becker (2006), S. 43.

Indikatoren	**Faktorladung**	**t-Wert**
Die Guerilla-Marketing-Aktion ist innovativ. (Y_5)	0,883	51,065
Die Guerilla-Marketing-Aktion ist unerwartet. (Y_6)	0,794	21,580
Die Guerilla-Marketing-Aktion ist erfinderisch. (Y_7)	0,858	40,670
Die Guerilla-Marketing-Aktion ist neuartig. (Y_8)	0,841	31,799
Die Guerilla-Marketing-Aktion ist überraschend.(Y_9)	0,897	47,196

Tabelle 5: Indikatoren Innovationswert

Die Ergebnisse der Überprüfung der restlichen für reflektive Modelle essentiellen Kriterien sind in *Tabelle 6* aufgeführt. Mit einer durchschnittlich erfassten Varianz (DEV) in Höhe von 0,732, einer Konstruktreliabilität von 0,932 und der Erfüllung des Fornell-Larcker-Kriteriums ist die Prüfung dieser Kriterien erfolgreich. Zudem besitzt das Modell Vorhersagevalidität, da der Q^2-Wert größer Null ist.

Prüfkriterien	
Plausibilität	Erfüllt
Konvergenz: Durchschnittlich erfasste Varianz (DEV) Konstruktreliabilität	 0,732 0,932
Diskriminanz: Fornell-Larcker-Kriterium	Erfüllt
Vorhersagevalidität (Q^2)	0,588

Tabelle 6: Prüfkriterien Innovationswert

4.3.2 Überzeugungskraft und Nutzenstiftung

Die zur Operationalisierung der Überzeugungskraft wie auch der Nutzenstiftung der Guerilla-Marketing-Aktion verwendeten Indikatoren wurden in Anlehnung an *Becker* formuliert. Basierend auf einer ausführlichen Literaturrecherche identifiziert *Becker* sechs Subdimensionen der Kreativitätsdimension Sinnhaftigkeit/Strategiebezug.[425] Unter Berücksichtigung des inhaltlichen Bezugs, werden die drei Dimensionen – *interessant, verständlich, überzeugend* – zur Operationalisierung des Konstruktes Überzeugungskraft und die Dimensionen – *treffend, nützlich, subjektiv wertvoll* – zur Operationalisierung des Konstrukts Nutzenstiftung herangezogen. Zunächst zur Überzeugungskraft der Guerilla-Marketing-Aktion. Die berechneten t-

[425] Vgl. Becker (2006), S. 46.

Werte zeigen für alle Indikatoren hoch signifikante Ergebnisse. Alle Faktorladungen sind hinreichend hoch, nur Indikator (Y_{10}) liegt mit einer Faktorladung in Höhe von 0,7433 unter dem gewünschten Wert von 0,8. Im Zusammenhang mit der Erfüllung der Konvergenzkriterien kann auch diese Faktorladung akzeptiert werden. Der Indikator *überzeugend* (Y_{12}) repräsentiert das latente Konstrukt Überzeugungskraft am Besten. Das Kriterium der Plausibilität ist erfüllt, alle Faktorladungen lassen sich sinnvoll interpretieren. Die Operationalisierung des Konstrukts Überzeugungskraft nimmt die in *Tabelle 7* dargestellte Gestalt an.

Indikatoren	**Faktorladung**	**t-Wert**
Die Guerilla-Marketing-Aktion ist interessant. (Y_{10})	0,873	65,958
Die Guerilla-Marketing-Aktion ist verständlich. (Y_{11})	0,743	13,390
Die Guerilla-Marketing-Aktion ist überzeugend. (Y_{12})	0,888	53,745

Tabelle 7: Indikatoren Überzeugungskraft

Die weiteren Ergebnisse der Überprüfung des Konstrukts sind in *Tabelle 8* zusammengefasst. Mit einer durchschnittlich erfassten Varianz in Höhe von 0,701 und einer Konstruktreliabilität von 0,875 kann dem Messmodell Konvergenzvalidität zugesprochen werden. Darüber hinaus ist das Prüfkriterium der Diskriminanzvalidität erfüllt, da alle quadrierten Konstruktkorrelationen kleiner als die durchschnittlich erfasste Varianz sind. Der kritische Wert des Q^2-Kriteriums wird ebenfalls überschritten, so dass dem Modell Vorhersagevalidität bescheinigt werden kann.

Prüfkriterien	
Plausibilität	Erfüllt
Konvergenz: Durchschnittlich erfasste Varianz (DEV) Konstruktreliabilität	 0,701 0,875
Diskriminanz: Fornell-Larcker-Kriterium	Erfüllt
Vorhersagevalidität (Q^2)	0,3526

Tabelle 8: Prüfkriterien Überzeugungskraft

Nach der Darstellung der Operationalisierung und der Messergebnisse des Konstrukts Überzeugungskraft soll nun das Konstrukt Nutzenstiftung näher betrachtet werden. Die Berechnung der Faktorladungen für das reflektive Modell zeigt, dass sämtliche Indikatoren den kritischen Wert von 0,8 übertreffen und auch die Untersuchung der t-Werte ergibt für alle Indikatoren hoch signifikante Ergebnisse. Als der stärkste Einfluss auf das Konstrukt Nutzenstiftung ist der Indikator *nützlich* (Y_{14}) mit einer Faktorladung von 0,927 hervorzuheben. Die Plausibilität des Modells ist gegeben, die Richtung der Faktorladungen ist sinnvoll interpretierbar. *Tabelle 9* zeigt die Indikatoren des Konstrukts Nutzenstiftung.

Indikatoren	Faktorladung	t-Wert
Die Guerilla-Marketing-Aktion ist treffend. (Y_{13})	0,863	41,147
Die Guerilla-Marketing-Aktion ist nützlich. (Y_{14})	0,927	77,782
Die Guerilla-Marketing-Aktion ist subjektiv wertvoll. (Y_{15})	0,907	61,564

Tabelle 9: Indikatoren Nutzenstiftung

Die Überprüfung der weiteren essenziellen Gütekriterien für reflektive Messmodelle erbringt die in *Tabelle 10* zusammengestellten Ergebnisse. Mit einer DEV in Höhe von 0,809, einer Konstruktreliabilität von 0,927, der Erfüllung des Fornell-Larcker-Kriteriums und einem Q^2-Wert größer Null, besitzt das Messmodell sowohl Konvergenz- und Diskriminanzvalidität als auch Vorhersagevalidität.

Prüfkriterien	
Plausibilität	Erfüllt
Konvergenz: Durchschnittlich erfasste Varianz (DEV) Konstruktreliabilität	 0,809 0,927
Diskriminanz: Fornell-Larcker-Kriterium	Erfüllt
Vorhersagevalidität (Q^2)	0,600
Unidimensionalität	Nicht Erfüllt

Tabelle 10: Prüfkriterien Nutzenstiftung

4.3.3 Kreativität

Das Konstrukt Kreativität nimmt eine Sonderstellung im vorliegenden Untersuchungsmodell ein. Nachdem die vier identifizierten Kreativitätsdimensionen Differenzierungspotential, Innovationsgrad, Überzeugungskraft und Nutzenstiftung jeweils anhand einer Reihe von Indikatoren operationalisiert wurden, wird im Folgenden die Kreativität der Guerilla-Marketing-Aktion global über lediglich einen Indikator erfasst. Ziel ist es, die zuvor angestellten Aussagen zu den einzelnen Determinanten der Kreativität in einem Statement zusammenzufassen. Der Indikator zur Messung des Konstrukts wurde aus theoretischen Überlegungen abgeleitet. Da die Operationalisierung der latenten Variablen lediglich über einen Indikator erfolgt, wird ein reflektiver Zusammenhang unterstellt. Zwangsläufig lädt der Indikator mit dem Wert von 1 auf das Konstrukt und der t-Wert liegt bei Null.

Indikatoren	**Faktorladung**	**t-Wert**
Die Guerilla-Marketing-Aktion ist kreativ. (Y_{16})	1,000	0,000

Tabelle 11: Indikatoren Kreativität

Da das Konstrukt Kreativität im vorliegenden Modell nur durch einen Indikator operationalisiert wird, sind die Prüfkriterien für reflektive Messmodelle nicht durchführbar. Der Vollständigkeit halber wird jedoch auch hier die Tabelle mit den *Ergebnissen* der Prüfkriterien angeführt.

Prüfkriterien	
Plausibilität	Erfüllt
Konvergenz: Durchschnittlich erfasste Varianz (DEV) Konstruktreliabilität	 1,000 1,000
Diskriminanz: Fornell-Larcker-Kriterium	Erfüllt
Vorhersagevalidität (Q^2)	0,000

Tabelle 12: Prüfkriterien Kreativität

4.3.4 Vergnügen

Das durch die Guerilla-Marketing-Aktion bei den Probanden erzeugte Vergnügen wurde durch das Inventar von *Mehrabian* und *Russel* operationalisiert. Die Skala zur Operationalisierung des Konstrukts enthält die sechs folgenden Semantische Differentiale: happy-unhappy, pleased-annoyed, satisfied-unsatisfied, contented-melancholic, hopeful-despairing, relaxed-bored.[426] Die Indikatoren wurden in zahlreichen Studien als reliabel und valide ge-

[426] Vgl. Olney/Holbrook/Batra (1991), S. 446.

testet.[427] Um die Indikatoren an die übrigen Operationalisierungen anzupassen, wurden die Items zunächst übersetzt und dann in 7-stufige Ratingskalen umgewandelt. Die Faktorladungen von zwei der sechs Items (Y_{21} und Y_{22}) liegen knapp unter dem geforderten Wert von 0,8. Mit Blick auf die Konvergenzkriterien können die Faktorladungen jedoch akzeptiert werden. Die Plausibilität des Messmodells ist erfüllt. Mit einer Faktorladung von 0,892 bei Indikator (Y_{19}) und einem annähernd so hohen Wert bei Indikator (Y_{20}) erklären die beiden Items (*zufrieden* und *glücklich*) das Konstrukt Vergnügen von allen zur Operationalisierung verwendeten Indikatoren am Besten. Da alle t-Werte den Wert von 1,66 übersteigen, ist auch die Signifikanz der Ladungen gegeben. *Tabelle 13* verschafft einen Überblick für die zur Operationalisierung des Konstrukts Vergnügen verwendeten Indikatoren.

Die Prüfung der weiteren für reflektive Modelle erforderlichen Kriterien ergab das in *Tabelle 14* dargestellte Bild. Mit einer durchschnittlich erfassten Varianz (DEV) von 0,714, einer Konstruktreliabilität in Höhe von 0,937 und der Erfüllung des Fornell-Larcker-Kriteriums ist die Prüfung dieser Kriterien erfolgreich. Darüber hinaus besitzt das Modell Vorhersagevaliditát, da das Q^2 einen Wert größer Null aufweist.

Indikatoren	**Faktorladung**	**t-Wert**
Die Guerilla-Marketing-Aktion stimmt mich fröhlich. (Y_{17})	0,861	46,670
Die Guerilla-Marketing-Aktion erfreut mich. (Y_{18})	0,873	66,394
Die Guerilla-Marketing-Aktion stellt mich zufrieden. (Y_{19})	0,892	47,201
Die Guerilla-Marketing-Aktion macht mich glücklich. (Y_{20})	0,880	36,176
Die Guerilla-Marketing-Aktion macht mich hoffnungsvoll. (Y_{21})	0,779	25,410
Die Guerilla-Marketing-Aktion hat eine entspannende Wirkung. (Y_{22})	0,776	23,265

Tabelle 13: Indikatoren Vergnügen

[427] Vgl. beispielhaft Holbrook/Batra (1987), S. 413; Morris et al. (2002), S. 7f.

Prüfkriterien	
Plausibilität	Erfüllt
Konvergenz: Durchschnittlich erfasste Varianz (DEV) Konstruktreliabilität	 0,714 0,937
Diskriminanz: Fornell-Larcker-Kriterium	Erfüllt
Vorhersagevalidität (Q^2)	0,574

Tabelle 14: Prüfkriterien Vergnügen

4.3.4 Erregung

Die Erregung als emotionale Reaktion der Probanden auf die Guerilla-Marketing-Aktion wurde im Fragebogen durch ein Inventar von *Mehrabian* und *Russel* erfragt. Die Skala des Autorengespanns besteht aus sechs Semantischen Differentialen: stimulated-relaxed, excited-calm, frenzied-sluggish, jittery-dull, wide awake-sleepy, aroused-unaroused.[428] Die Indikatoren wurden in zahlreichen Studien als reliabel und valide getestet.[429] Auch hier erfolgte eine Transformation der Semantischen Differentiale in 7-stufige Ratingskalen. Die Berechnung der t-Werte ergab, dass einer der insgesamt sechs Indikatoren (Y_{26}) aufgrund zu niedriger t-Werte als nicht signifikant erachtet werden musste und so aus dem Messmodell zu eliminieren war. Die Faktorladungen von drei der restlichen fünf Indikatoren (Y_{25}, Y_{27}, Y_{28}) liegen unter dem kritischen Wert von 0,8, können aber im Zusammenhang mit der Erfüllung der Konvergenzkriterien als akzeptabel angesehen werden. Das Konstrukt Erregung wird durch den Indikator *aufregend* (Y_{24}) am besten und durch den Indikator *rasend* (Y_{25}) am schlechtesten wiedergegeben. Alle Vorzeichen der Faktorladungen entsprechen den Erwartungen. die Plausibilität des Modells ist somit gesichert. Die Indikatoren des Konstruktes Erregung sind in *Tabelle 15* dargestellt.

---

[428] Olney/Holbrook/Batra (1991), S. 446.

[429] Vgl. beispielhaft Holbrook/Batra (1987), S. 413; Morris et al. (2002), S. 7f.

Indikatoren	Faktorladung	t-Wert
Die Guerilla-Marketing-Aktion hat eine anregende Wirkung (im positiven Sinne). (Y_{23})	0,886	68,410
Ich empfinde die Guerilla-Marketing-Aktion als aufregend (im positiven Sinne). (Y_{24})	0,919	98,781
Die Guerilla-Marketing-Aktion macht mich rasend (im positiven Sinne). (Y_{25})	0,705	14,863
Die Guerilla-Marketing-Aktion macht mich nervös (im positiven Sinne). (Y_{26})	---	---
Die Guerilla-Marketing-Aktion macht mich hellwach (im positiven Sinne). (Y_{27})	0,768	20,461
Die Guerilla-Marketing-Aktion rüttelt mich auf (im positiven Sinne). (Y_{28})	0,777	21,213

Tabelle 15: Indikatoren Erregung

Die Ergebnisse der Berechung der weiteren Prüfkriterien sind Tabelle 16 zusammengefasst. Betrachtet man die Konvergenzkriterien ist festzustellen, dass sowohl die durchschnittlich erfasste Varianz mit einem Wert von 0,664, wie auch die Konstruktreliabilität mit einem Wert von 0,907 die an sie gestellten Anforderungen erfüllen. Da alle quadrierten Konstruktkorrelationen kleiner als die durchschnittlich erfasste Varianz sind, ist das Diskriminanzkriterium erfüllt. Mit einem Stone-Geissers Q^2 von 0,479 ist die Vorhersagevalidität ebenfalls gegeben.

Prüfkriterien	
Plausibilität	Erfüllt
Konvergenz: Durchschnittlich erfasste Varianz (DEV) Konstruktreliabilität	 0,664 0,907
Diskriminanz: Fornell-Larcker-Kriterium	Erfüllt
Vorhersagevalidität (Q^2)	0,479

Tabelle 16: Prüfkriterien Erregung

4.3.6 Überraschung

Zur Messung des Konstrukts Überraschung kommen drei reflektive Indikatoren zum Einsatz, welche der Differential Emotions Scale (Skala für differentielle Emotionen) von *Izard* entnommen sind.[430] Als Selbstbeobachtungsinstrument eignet sich die Skala vor allem zur Charakterisierung und Messung einzelner Emotionen, die eine bestimmte Situation beschrei-

[430] Vgl. Schiel (2006), S. 178.

ben.[431] Die von *Izard* entwickelte Skala wurde vergleichsweise häufig im Marketingkontext eingesetzt und gilt als reliabel und valide.[432] Die Faktorladungen der drei Indikatoren *überrascht*, *verblüfft*, *erstaunt* liegen mit Werten von jeweils größer 0,9 deutlich über dem geforderten Mindestwert. Das Kriterium der Plausibilität ist erfüllt. Darüber hinaus halten die ermittelten t-Werte der Signifikanzprüfung stand. Alle t-Werte weisen hoch signifikante Ergebnisse auf. Einen Überblick über die Operationalisierung des Konstrukts gibt *Tabelle 17*.

Indikatoren	Faktorladung	t-Wert
Die Guerilla-Marketing-Aktion hat mich überrascht. (Y_{29})	0,915	79,347
Die Guerilla-Marketing-Aktion hat mich verblüfft. (Y_{30})	0,919	57,994
Die Guerilla-Marketing-Aktion hat mich erstaunt. (Y_{31})	0,930	59,959

Tabelle 17: Indikatoren Überraschung

Prüfkriterien	
Plausibilität	Erfüllt
Konvergenz: Durchschnittlich erfasste Varianz (DEV) Konstruktreliabilität	 0,849 0,944
Diskriminanz: Fornell-Larcker-Kriterium	Erfüllt
Vorhersagevalidität (Q^2)	0,619
Unidimensionalität	Nicht Erfüllt

Tabelle 18: Prüfkriterien Überraschung

Die Ergebnisse der Schätzung der weiteren für reflektive Messmodelle wichtigen Prüfkriterien sind in *Tabelle 18* dargestellt. Die Prüfgrößen der durchschnittlich erfassten Varianz, der Konstruktreliabilität und das Fornell-Larcker-Kriterium sind allesamt erfüllt. Mit einem Wert in Höhe von 0,619 wurde auch der kritische Wert des Q^2 überschritten, womit das Modell Vorhersagevalidität besitzt.

[431] Vgl. Thyri (2003), S. 73.
[432] Vgl. Schiel (2006), S. 178ff.

4.3.7 Einstellung gegenüber der Guerilla-Marketing-Aktion

Die Einstellung gegenüber der Werbung wurde in verschiedenen Studien durch eine Vielzahl von Items gemessen. *Lischka* gibt einen umfassenden Überblick über die eingesetzten Itembatterien.[433] Zur Messung des Konstrukts Einstellung gegenüber der Guerilla-Marketing-Aktion kommen drei reflektive Indikatoren zum Einsatz, welche dem Instrumentarium von *MacKenzie* und *Lutz* entsprechen und als reliabel und valide gelten. Die beiden Autoren messen das A_{ad}-Konstrukt durch die drei folgenden Semantischen Differentiale: good/bad, pleasant/unpleasant und favorable/unfavorable.[434] Um die Skala an die übrigen Operationalisierungen anzupassen, wurden die Items zunächst ins Deutsche übersetzt und anschließend in 7-stufige Ratingskalen überführt. Alle drei Faktoren erfüllen die Gütekriterien für reflektive Modelle. Die Faktorladungen liegen deutlich über dem geforderten Wert von 0,8, wobei Indikator (Y_{34}) mit einer Faktorladung von 0,961 das Konstrukt Einstellung gegenüber der Guerilla-Marketing Aktion am Besten repräsentiert. Das latente Konstrukt lässt sich den Ergebnissen zufolge sehr gut durch die beobachtbaren manifesten Variablen abbilden. Da sich alle Faktorladungen sinnvoll interpretieren lassen, ist auch die Plausibilität des Modells gegeben. Die über die Prozedur Bootstrapping in PLS ermittelten t-Werte befinden sich deutlich über dem geforderten Wert von mindestens 1,66. *Tabelle 19* zeigt die Operationalisierung des Konstrukts Einstellung gegenüber der Guerilla-Marketing-Aktion.

Indikatoren	Faktorladung	t-Wert
Ich finde die Guerilla-Marketing-Aktion der Marke MINI gut. (Y_{32})	0,9514	100,986
Ich finde die Guerilla-Marketing-Aktion der Marke MINI angenehm. (Y_{33})	0,915	64,499
Mir gefällt die Guerilla-Marketing-Aktion der Marke MINI. (Y_{34})	0,961	148,837

Tabelle 19: Indikatoren Einstellung gegenüber der Guerilla-Marketing-Aktion

Die weitere Überprüfung des Konstrukts ergibt das in *Tabelle 20* dargestellt Bild. Mit einer durchschnittlich erfassten Varianz in Höhe von 0,889 und einer Konstruktreliabilität von 0,960 kann dem Messmodell Konvergenzvalidität zugesprochen werden. Zudem ist das Prüfkriterium der Diskriminanzvalidität erfüllt, da alle quadrierten Konstruktkorrelationen kleiner

[433] Vgl. Lischka (2006), S. 84ff.
[434] Vgl. MacKenzie/Lutz (1989), S. 58

als die durchschnittlich erfasste Varianz sind. Mit einem Stone-Geissers Q^2 in Höhe von 0,724 ist die Vorhersagevalidität des Messmodells ebenfalls gegeben.

Prüfkriterien	
Plausibilität	Erfüllt
Konvergenz: Durchschnittlich erfasste Varianz (DEV) Konstruktreliabilität	 0,889 0,960
Diskriminanz: Fornell-Larcker-Kriterium	Erfüllt
Vorhersagevalidität (Q^2)	0,724

Tabelle 20: Prüfkriterien Einstellung gegenüber der Guerilla-Marketing-Aktion

4.3.8 Einstellung gegenüber der Marke

Die Indikatoren zur Messung der Einstellung gegenüber der Marke wurden ebenfalls dem Inventar von *MacKenzie* und *Lutz* entnommen[435] und entsprechend der äußeren Struktur den übrigen Operationalisierungen angepasst. Die Faktorladungen der drei Indikatoren liegen deutlich über dem geforderten Wert von 0,8, so dass eine sehr gute Repräsentation des Konstrukts Einstellung gegenüber der Marke durch seine Indikatoren vorliegt. Am Besten wird das latente Konstrukt durch die Indikatoren (Y_{38}) und (Y_{40}) mit Faktorladungen in Höhe von 0,954 bzw. 0,956 wiedergegeben. Die Plausibilitätsprüfung ist erfolgreich und auch die Berechnung der t-Werte führt zu ausschließlich hoch signifikanten Ergebnissen. Die nachstehende Tabelle vermittelt einen Überblick über die zur Operationalisierung des Konstrukts verwendeten Indikatoren.

Betrachtet man die die in *Tabelle 22* dargestellten Ergebnisse, lässt sich erkennen, dass die Konvergenzkriterien durchschnittlich erfasste Varianz und Konstruktreliabilität wie auch das Fornell-Larcker-Kriterium die an sie gestellten Anforderungen erfüllen. Die Prüfung der Vorhersagevalidität ist ebenfalls erfolgreich. Mit einem Wert von 0,748 liegt das Stone-Geissers Q^2 deutlich über Null.

[435] Vgl. MacKenzie/Lutz (1989), S. 58

Indikatoren	Faktorladung	t-Wert
Ich halte den MINI für eine gute Marke. (Y_{35})	0,954	125,127
Ich finde die Marke MINI angenehm. (Y_{36})	0,923	50,581
Mir gefällt die Marke MINI. (Y_{37})	0,956	148,495

Tabelle 21: Indikatoren Einstellung gegenüber der Marke

Prüfkriterien	
Plausibilität	Erfüllt
Konvergenz: Durchschnittlich erfasste Varianz (DEV) Konstruktreliabilität	 0,892 0,961
Diskriminanz: Fornell-Larcker-Kriterium	Erfüllt
Vorhersagevalidität (Q^2)	0,748

Tabelle 22: Prüfkriterien Einstellung gegenüber der Marke

4.3.9 Kaufabsicht

Zur Operationalisierung des Konstrukts Kaufabsicht wurde das Inventar von *MacKenzie*, *Lutz* und *Blech* verwendet, welches durch das Autorengespann als reliabel und valide getestet wurde. Zur Messung des Konstrukts dienen die drei Semantischen Differentiale likely/ unlikely, possible/impossible und probable/improbable.[436] Entsprechend dem Vorgehen in den vorangegangenen Abschnitten wurden auch hier die Semantischen Differentiale übersetzt und in 7-stufige Ratingskalen umgewandelt. Die Ermittlung der zur Gütebeurteilung reflektiver Messmodelle erforderlichen Faktorladungen und t-Werte der Indikatoren ergibt das in *Tabelle 23* dargestellte Bild. Sowohl die Faktorladungen wie auch die t-Werte erfüllen die Mindestanforderungen deutlich. Die drei zur Operationalisierung eingesetzten Indikatoren stellen sehr gute Repräsentationen des latenten Konstrukts Kaufabsicht dar, wobei Indikator (Y_{41}) mit einer Faktorladung in Höhe von 0,955 das Konstrukt am Besten abbildet. Die Plausibilität des Messmodells ist ebenfalls gegeben.

Mit einem Wert in Höhe von 0,879 überschreitet die durchschnittlich erfasste Varianz den geforderten Wert von 0,6. Die Konstruktreliabilität liegt mit 0,956 deutlich über dem Mindestwert und auch die Diskriminanzvalidität lässt sich erfolgreich überprüfen. Mit einem Q^2-Wert

[436] Vgl. MacKenzie/Lutz/Blech (1986), S. 134f.

von 0,716 kann dem Modell ebenfalls Vorhersagevalidität bescheinigt werden kann. *Tabelle 24* fasst die die Ergebnisse der Prüfkriterien zusammen.

Indikatoren	Faktorladung	t-Wert
Dass ich mir ein Auto der Marke MINI kaufe, halte ich für wahrscheinlich. (Y_{38})	0,955	157,899
Ein Auto der Marke MINI zu kaufen, ist für mich denkbar. (Y_{39})	0,927	95,872
Voraussichtlich werde ich mir mal ein Auto der Marke MINI kaufen. (Y_{40})	0,930	94,203

Tabelle 23: Indikatoren Kaufabsicht

Prüfkriterien	
Plausibilität	Erfüllt
Konvergenz: Durchschnittlich erfasste Varianz (DEV) Konstruktreliabilität	 0,879 0,956
Diskriminanz: Fornell-Larcker-Kriterium	Erfüllt
Vorhersagevalidität (Q^2)	0,716

Tabelle 24: Prüfkriterien Kaufabsicht

4.3.10 Word-of-Mouth-Absicht

Abschließend ist das latente Konstrukt Word-of-Mouth-Absicht noch zu betrachten. Als Spezifikation der Verhaltensabsicht scheint es gerechtfertigt, das Konstrukt ebenfalls in Anlehnung an das Inventar von *MacKenzie*, *Lutz* und *Blech* zu erfassen.[437] Die Fragen wurden dabei dem Konstrukt entsprechend angepasst. Mit Werten über 0,9 liegen alle Faktorladungen deutlich über dem geforderten Mindestwert. Die beobachtbaren manifesten Variablen stellen eine sehr gute Abbildung des latenten Konstrukts Word-of-mouth-Absicht dar. Darüber hinaus sind die ermittelten t-Werte für alle drei Indikatoren als hoch signifikant zu erachten. Die Vorzeichen der Faktorladungen lassen sich sinnvoll interpretieren, das Kriterium der Plausibilität ist somit erfüllt. *Tabelle 25* bietet einen Überblick über die Operationalisierung des Konstruktes Word-of-Mouth-Absicht.

[437] Vgl. MacKenzie/Lutz/Blech (1986), S. 134f.

Indikatoren	Faktorladung	t-Wert
Das ich Freunden und Bekannten von der Guerilla-Marketing-Aktion der Marke MINI erzählen werde, halte ich für wahrscheinlich. (Y_{41})	0,959	110,290
Es ist denkbar, dass ich Freunden und Bekannten von der Guerilla-Marketing-Aktion der Marke MINI berichte. (Y_{42})	0,948	119,511
Voraussichtlich werde ich Freunden und Bekannten von der Guerilla-Marketing-Aktion der Marke MINI erzählen. (Y_{43})	0,964	190,746

Tabelle 25: Indikatoren Word-of-Mouth-Absicht

Die Ergebnisse der Überprüfung der restlichen für reflektive Modelle erforderlichen Kriterien sind in *Tabelle 26* dargestellt. Mit einer durchschnittlich erfassten Varianz von 0,916 und einer Konstruktreliabilität von 0,970 ist die Konvergenzvalidität des reflektiven Modells erfüllt. Zudem kann dem Messmodell mit der Erfüllung des Fornell-Larcker-Kriteriums Diskriminanzvalidität und mit einem Stone-Geissers Q^2 von 0,750 darüber hinaus auch Vorhersagevalidität bescheinigt werden. Schließlich deuten die Höhe und Korrelationen der Residuen auf das Vorhandensein von Unidimensionalität hin.

Prüfkriterien	
Plausibilität	Erfüllt
Konvergenz: Durchschnittlich erfasste Varianz (DEV) Konstruktreliabilität	 0,916 0,970
Diskriminanz: Fornell-Larcker-Kriterium	Erfüllt
Vorhersagevalidität (Q^2)	0,750
Unidimensionalität	Erfüllt

Tabelle 26: Prüfkriterien Word-of-Mouth-Absicht

Insgesamt kann man von einer sehr guten Repräsentation der jeweiligen Konstrukte durch deren Indikatoren sprechen. Nur ein Indikator (Y_{26}) erfüllt die Gütekriterien unzureichend und wurde aus dem Indikatorenkatalog zur Operationalisierung des Konstrukts Erregung entfernt. Die Ermittlung der Prüfkriterien ergab, dass die Mindestanforderungen an die durchschnittlich erfasste Varianz und die Konstruktreliabilität sowie das Fornell-Larcker-Kriterium für alle latenten Konstrukte erfüllt sind. Den Messmodellen kann damit sowohl Konvergenzvalidität als auch Diskriminanzvalidität zugesprochen werden. Darüber hinaus ist das zur Bewertung der Vorhersagevalidität herangezogene Stone-Geissers Q^2 für alle Konstrukte größer Null. Für die latenten Variablen Einstellung gegenüber der Guerilla-Marketing-Aktion (0,724), Einstellung gegenüber der Marke (0,705), Kaufabsicht (0,716) sowie Word-of-Mouth-Absicht (0,750) ist eine bemerkenswerte Rekonstruktion durch ihre Indikatoren möglich. Abschließend gilt es, für sämtliche Messmodelle das Vorliegen von Unidimensionalität zu überprüfen. Die mittels SPSS berechnete rotierte Komponentenmatrix einer konfirmatorischen Faktorenanalyse zeigte, dass dieses Gütekriterium nicht vollständig erfüllt ist. Vor allem die Indikatoren der Konstrukte Differenzierungspotenzial und Innovationsgrad sowie Überzeugungskraft und Nutzenstiftung lassen sich jeweils nicht eindeutig einem Konstrukt zuordnen. Inhaltlich ist dies aufgrund der Zusammengehörigkeit der jeweiligen zwei Konstrukte nachvollziehbar. Ein Blick auf die Korrelationsmatrix bestätigt das Ergebnis der Faktorenanalyse, wobei die Höhe der Korrelationen nicht als kritisch an zusehen sind (siehe Diskriminanzvalidität). Insgesamt kann man von sehr zufrieden stellenden Ergebnissen auf der Messmodellebene sprechen.

4.4 Ergebnisse zur Strukturmodellebene und Hypothesenprüfung

4.4.1 Darstellung der Schätzergebnisse für die gesamte Stichprobe

Nachdem alle latenten Konstrukte operationalisiert und die Operationalisierungen erfolgreich anhand der Gütekriterien für reflektive Messmodelle evaluiert sind, gilt es nun das in *Abschnitt 3.2.5* postulierte Hypothesensystem zur Erklärung der Wirkung von Guerilla-Marketing-Aktionen auf die Kaufabsicht und die Word-of-Mouth-Absicht der Konsumenten in seiner Gesamtheit einer empirischen Prüfung zu unterziehen. Zur Modellschätzung werden die in *Abschnitt 4.1.3* vorgestellten konservativen Prüfkriterien für PLS-Strukturmodelle herangezogen.

Um die nomologische Validität des aufgestellten Untersuchungsmodells abschätzen zu können, gilt es zunächst das hypothetische Beziehungsgeflecht zwischen den Modellelementen zu evaluieren. Die Güte der postulierten Hypothesen lässt sich über die Höhe der mittels PLS berechneten Strukturparameter sowie deren Signifikanzen bewerten.[438] Evaluiert man die ermittelten t-Werte, so lässt sich erkennen, dass 10 der 15 postulierten Hypothesen auf dem 1%

[438] Vgl. Huber et al. (2007), S. 42.

Signifikanzniveau (t-Wert > 2,33) bestätigt werden können.[439] Mit einem t-Wert in Höhe von 2,031 kann Hypothese (H_1) mit einer Irrtumswahrscheinlichkeit von 5% bestätigt werden.[440] Um den Aussagegehalt des Untersuchungsmodells nicht zu stark zu beschneiden, kann ein Signifikanzniveau von 10% (t-Wert > 1,66), wie es bei den beiden Hypothesen (H_4) und (H_{10}) vorliegt, ebenfalls akzeptiert und als Zusammenhang interpretiert werden.

Die Ergebnisse der Hypothesenprüfung zeigen, dass die antezedenten Konstrukte Differenzierungspotential, Innovationsgrad, Überzeugungskraft und Nutzenstiftung einen direkten positiven Einfluss auf die Kreativität der Guerilla-Marketing-Aktion ausüben. Die drei theoretisch postulierten positiven Einflüssen der Kreativität der Guerilla-Marketing-Aktion auf die Emotion Überraschung, die Erregung und das Vergnügen der Probanden müssen ebenfalls nicht falsifiziert werden. Die Kreativität der Guerilla-Marketing-Aktion sowie die Emotionsdimensionen Erregung und Vergnügen haben allesamt einen direkten positiven Einfluss auf die Einstellung der Probanden gegenüber der Guerilla-Marketing-Aktion. Zudem hält der positive direkte Effekt der Einstellung gegenüber der Guerilla-Marketing-Aktion auf die Word-of-mouth-Absicht der potentiellen Konsumenten der Konfrontation mit der Realität stand. Und auch die Hypothese, dass die Einstellung gegenüber der Guerilla-Marketing-Aktion einen positiven Einfluss auf die Einstellung gegenüber der Marke hat, erweist sich als zutreffend. Schließlich muss der postulierte Einfluss der Einstellung gegenüber der Marke auf die Kaufabsicht nicht abgelehnt werden. Zwei der ingesamt 15 Hypothesen halten der empirischen Prüfung hingegen nicht stand und müssen falsifiziert werden. So hat die Emotion Überraschung im vorliegenden Modell keinen signifikanten Einfluss auf die Einstellung gegenüber der Guerilla-Marketing Aktion (H_{11}) und auch der in der Literatur vielfältig diskutierte direkte Einfluss der Einstellung gegenüber der Guerilla-Marketing-Aktion auf die der Absicht der Konsumenten, die beworbene Marke zu kaufen, kann nicht bestätigt werden (H_{14}).

Aus den berechneten Strukturparametern lässt sich auf die Einflussstärke eines Konstrukts auf ein kausal nachfolgendes schließen. So besteht der stärkste Einfluss des postulierten Beziehungsgefüges mit einem Strukturparameter in Höhe von 0,651 zwischen der Kreativität der Guerilla-Marketing-Aktion und der ausgelösten Emotion Überraschung. Annähernd bedeutsam sind die beiden direkten Effekte auf die resultierenden Größen Kaufabsicht (0,591) und

[439] Vgl. die t-Werte der Hypothesen H_2, H_3, H_5, H_6, H_7, H_8, H_9, H_{12}, H_{13} und H_{15} in Tabelle X.
[440] Bei einem t-Wert > 1,96 kann die Hypothese auf dem 5% Signifikanzniveau beibehalten werden.

Word-of-Mouth-Absicht (0,607). Die Wirkungsrichtung der einzelnen Hypothesen wurde in der Hypothesenherleitung in *Abschnitt 3.2* eindeutig festgelegt. Die Prüfung der Vorzeichen der Strukturparameter für die signifikanten Hypothesen zeigt, dass diese allesamt den Erwartungen entsprechen, womit die Plausibilität des Untersuchungsmodells gewährleistet ist. *Tabelle 27* und *Abbildunng 15* geben einen Überblick über die berechneten Strukturparameter und t-Werte.

Im Anschluss an die Überprüfung des Strukturmodells auf Plausibilität und statistische Signifikanz, soll nun die Eignung der Determinanten des Untersuchungsmodells zur Erklärung der Wirkung von Guerilla-Marketing-Aktionen auf die Kaufabsicht und Word-of-Mouth-Absicht der Konsumenten untersucht werden. Das Bestimmtheitsmaß R^2 drückt den erklärten Anteil der Varianz eines Konstrukts aus.[441] Der Anteil der Varianz eines Konstrukts, der durch die kausal vorgelagerten Größen erklärt werden kann, sollte dabei mindestens 30% betragen.[442] Vor dem Hintergrund des Forschungsziels beschränkt sich das Interesse auf die Koeffizienten der endogenen, latenten Variablen. *Tabelle 28* gewährt einen Überblick über die ermittelten R^2-Werte.

Hypothesen	Strukturparameter	t-Werte
H_1	0,182	2,031
H_2	0,400	3,958
H_3	0,233	2,788
H_4	0,115	1,738
H_5	0,484	8,561
H_6	0,531	10,633
H_7	0,651	16,424
H_8	0,480	8,624
H_9	0,337	8.316
H_{10}	0,100	1,702
H_{11}	0,073	1,069 *
H_{12}	0,486	8,607
H_{13}	0,591	8,355
H_{14}	- 0,029	0,444 *
H_{15}	0,607	11,953

Tabelle 27: Bewertung der Hypothesen[443]

441 Vgl. Huber et al. (2007), S. 42.
442 Vgl. Chin (1998), S. 323.
443 * = abgelehnte Hypothesen.

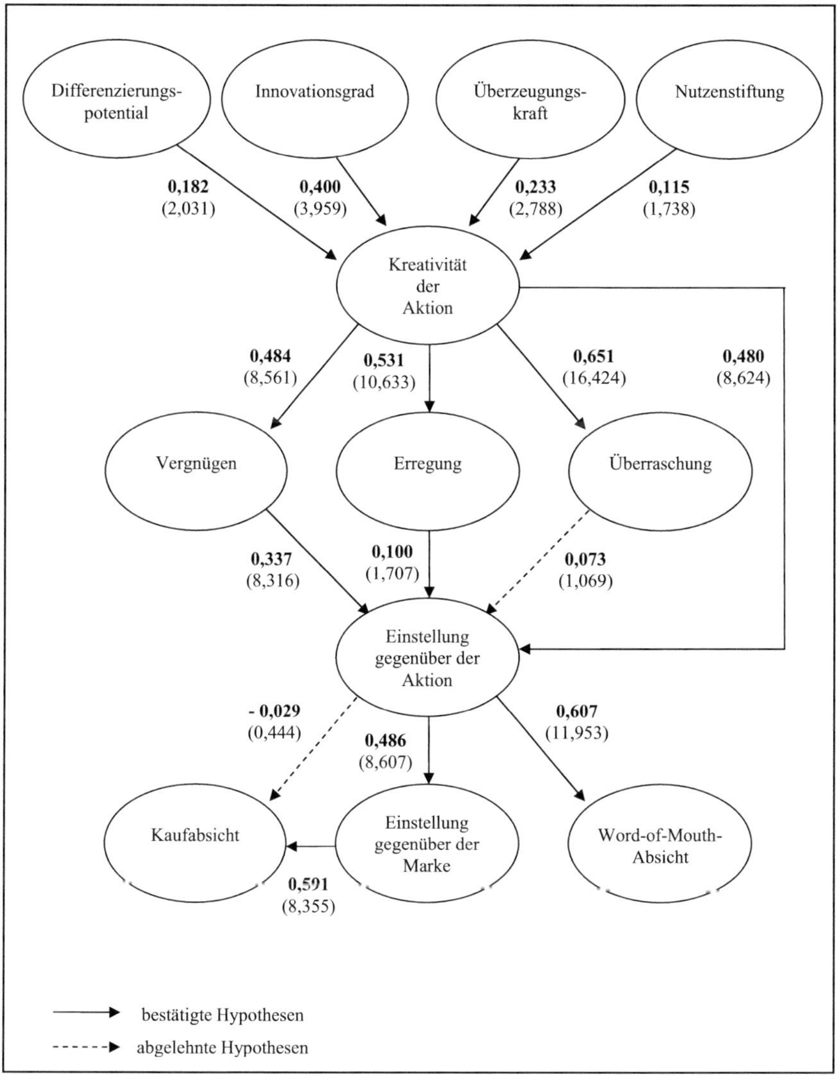

Abbildung 13: Ergebnisse der Hypothesenprüfung[444]

[444] Die Strukturparameter an den zugehörigen Pfaden sind in Fettschrift eingezeichnet, die t-Werte sind in Klammern unter den Strukturparametern angegeben.

Die Ergebnisse in *Tabelle 28* zeigen, dass das R^2 des Zielkonstrukts Kaufabsicht einen Wert in Höhe von 0,334 und das R^2 des Zielkonstrukts Word-of-Mouth-Absicht einen Wert von 0,369 annimmt. Daraus lässt sich folgern, dass die in das Kausalmodell einbezogenen Determinanten die Entstehung der Kaufabsicht bzw. der Word-of-Mouth-Absicht hinreichend gut erklären. Mit einem R^2-Wert in Höhe von 0,642 überschreitet das Konstrukt Kreativität der Guerilla-Marketing-Aktion die Anforderungen des Gütekriteriums deutlich. Das Konstrukt wird zu 64,2% durch die im Modell berücksichtigten und auf die Kreativität der Guerilla-Marketing-Aktion wirkenden Konstrukte Differenzierungspotential, Innovationsgrad, Überzeugungskraft und Nutzenstiftung erklärt. Gleiches gilt mit einem R^2-Wert von 0,703 für das endogene Konstrukt Einstellung gegenüber der Guerilla-Marketing-Aktion. Die antezedenten Größen Kreativität der Guerilla-Marketing-Aktion, Erregung und Vergnügen sind außerordentlich gut in der Lage das Konstrukt Einstellung gegenüber der Aktion zu erklären. Die R^2-Werte der endogenen Konstrukte Vergnügen (0,234), Erregung (0,282) wie auch Einstellung gegenüber der Marke (0,236) unterschreiten das geforderte Minimum von 0,3. Die Nichterfüllung des R^2-Kriteriums kann jedoch als unproblematisch erachtet werden, da die Erklärung dieser Größen nicht Zielsetzung der vorliegenden Abhandlung ist.

Endogenes Konstrukt	Bestimmtheitsmaß R^2
Kreativität	0,642
Überraschung	0,424
Erregung	0,282
Vergnügen	0,234
Einstellung gegenüber der Aktion	0,703
Einstellung gegenüber der Marke	0,236
Kaufabsicht	0,334
Word-of-Mouth-Absicht	0,369

Tabelle 28: Bestimmtheitsmaß R^2

Neben der Bestimmung der erklärten Varianz sind die endogenen, latenten Konstrukte des Modells auf Multikollinearität und Vorhersagevalidität zu überprüfen. Als Gütekriterium für die Multikollinearität zwischen den Konstrukten kann der Variance Inflation Factor (VIF) ermittelt werden. Die Berechnung des VIF ergibt für alle endogenen Konstrukte einen Wert kleiner zehn, womit das Vorhandensein von Multikollinearität im vorliegenden Modell ausgeschlossen werden kann. *Tabelle 29* zeigt die berechneten VIF-Werte.

Konstrukt als Regressand	Korrigiertes R^2	VIF
Kreativität	0,638	2,688
Überraschung	0,420	1,724
Erregung	0,291	1,410
Vergnügen	0,240	1,316
Einstellung gegenüber der Aktion	0,702	3,356
Einstellung gegenüber der Marke	0,231	1,300
Kaufabsicht	0,331	1,495
Word-of-Mouth-Absicht	0,368	1,582

Tabelle 29: Korrigiertes R^2 und Variance Inflation Factor (VIF)

Zur Abschätzung der Vorhersagevalidität des Strukturmodells kann das auf Redundanzen basierende Q^2 nach Stone-Geisser für alle endogenen, reflektiven Konstrukte herangezogen werden. Analog zur Messmodellebene, liegt Vorhersagevalidität vor, wenn das Q^2 einen Wert größer Null annimmt.[445] Für die Konstrukte Kreativität, Überraschung, Einstellung gegenüber der Aktion, Kaufabsicht und Word-of-Mouth-Absicht liegt der jeweils ermittelte Q^2-Wert über dem geforderten Minimum. Hervorzuheben sind die Ergebnisse der Konstrukte Kreativität und Einstellung gegenüber der Guerilla-Marketing-Aktion. So können 58,7% des Konstrukts Kreativität und 59,9% des Konstrukts Einstellung gegenüber der Guerilla-Marketing-Aktion durch die jeweiligen antezedenten Konstrukte rekonstruiert werden. Die Konstrukte Erregung, Vergnügen und Einstellung gegenüber der Marke erfüllen hingegen die Mindestanforderungen des Q^2-Kriteriums nicht. *Tabelle 30* gibt einen Überblick über die Q^2-Werte.

Um die emotionale Wirkung der Guerilla-Marketing-Aktion auf die Kaufabsicht und Word-of-Mouth-Absicht möglichst adäquat und realitätsnah erklären zu können, reicht eine isolierte Betrachtung der direkten Effekte nicht aus. Die zusätzliche Berechnung der indirekten Effekte wie auch der Gesamteffekte auf die Kaufabsicht und die Word-of-Mouth-Absicht gibt Aufschluss darüber, durch welche Faktoren die beiden resultierenden Konstrukte besonders stark beeinflusst werden.

445 Vgl. Huber et al. (2005), S. 32.

Endogenes, reflektives Konstrukt	Stone-Geissers Q^2 (Redundanz)
Kreativität	0,587
Überraschung	0,255
Erregung	-0,019
Vergnügen	-0,064
Einstellung gegenüber der Aktion	0,599
Einstellung gegenüber der Marke	-0,015
Kaufabsicht	0,134
Word-of-Mouth-Absicht	0,203

Tabelle 30: Stone-Geissers Q^2 (Redundanz)

Der indirekte Effekt der Einstellung gegenüber der Guerilla-Marketing-Aktion auf die Kaufabsicht ergibt sich beispielsweise aus der Multiplikation des direkten Effekts der Einstellung gegenüber der Guerilla-Marketing-Aktion auf die Einstellung gegenüber der Marke und des direkten Effekts der Einstellung gegenüber der Marke auf die Kaufabsicht. Im Anschluss lässt sich der Gesamteffekt aus der Addition des direkten und aller indirekten Effekte berechnen. *Tabelle 31* gibt einen Überblick über die direkten, indirekten und Totaleffekte der resultierenden Größen Kaufabsicht und Word-of-Mouth-Absicht.

Kaufabsicht			
Einflussgröße	**Direkter Effekt**	**Indirekter Effekt**	**Gesamteffekt**
Einstellung gegenüber der Marke	0,591	-	0,591
Einstellung gegenüber der Aktion	0	0,287	0,287
Word-of-Mouth-Absicht			
Einflussgröße	**Direkter Effekt**	**Indirekter Effekt**	**Gesamteffekt**
Einstellung gegenüber der Aktion	0,607	-	0,607
Kreativität	-	0,291	0,291
Vergnügen	-	0,205	0,205
Erregung	-	0,061	0,061
Überraschung	-	-	-

Tabelle 31: Direkte, indirekte und Gesamteffekte der Kaufabsicht und der Word-of-Mouth-Absicht

Die Ergebnisse der Berechnungen zeigen, dass der Einstellung gegenüber der Guerilla-Marketing-Aktion zwar kein direkter Einfluss auf die Kaufabsicht der potentiellen Konsumenten nachgesagt werden konnte, die Kaufabsicht jedoch indirekt über die Einstellung gegenüber der Marke recht deutlich beeinflusst wird. Des Weiteren kann der obigen Tabelle entnommen werden, dass sich die emotionale Dimension Vergnügen wie auch das Konstrukt Kreativität der Guerilla-Marketing-Aktion indirekt über die Einstellung gegenüber der Aktion auf die Word-of-Mouth-Absicht auswirken. Die Gesamteffekte der beiden Konstrukte liegen bei 0,205 bzw. 0,291. Der Gesamteffekt der durch die Guerilla-Marketing-Aktion ausgelösten Erregung auf die Kaufabsicht ist hingegen mit einem Wert von 0,061 vernachlässigbar gering. Die Emotion Überraschung hat keinen indirekten Einfluss auf die Word-of-Mouth-Absicht der Probanden, da bereits der Einfluss zwischen der Überraschung und der Einstellung gegenüber der Guerilla-Marketing-Aktion nicht signifikant und damit gleich Null ist.

Da die Einstellung gegenüber der Guerilla-Marketing-Aktion eine zentrale Einflussgröße im postulierten Hypothesensystem darstellt, ist es interessant, auch für dieses Konstrukt die indirekten und totalen Effekte zu berechnen. Neben dem starken direkten Effekt der Kreativität der Guerilla-Marketing-Aktion auf die Einstellung gegenüber dieser, ist auch ein deutlicher indirekter Effekt über die emotionale Reaktion der Rezipienten festzustellen, sodass ein Gesamteffekt in Höhe von 0,696 und damit der höchste Effekt des gesamten postulierten Modells resultiert. *Tabelle 32* zeigt die Ergebnisse.

Einstellung gegenüber der Aktion			
Einflussgröße	**Direkter Effekt**	**Indirekter Effekt**	**Gesamteffekt**
Kreativität	0,480	0,216	0,696
Vergnügen	0,337	-	0,337
Erregung	0,100	-	0,100
Überraschung	0	-	0

Tabelle 32: Direkte, indirekte und Gesamteffekte der Einstellung gegenüber der Guerilla-Marketing-Aktion

Zum Abschluss der Darstellung der Ergebnisse der Hypothesenprüfung lassen sich zum wieteren Informationsgewinn noch die über alle Probanden gemittelten Konstruktwerte berechnen. Sie geben Aufschluss über die Wahrnehmung der einzelnen Konstrukte durch die Probanden und damit über die Wahrnehmung der präsentierten Guerilla-Marketing-Aktion. Die Erfragung der Indikatorvariablen erfolgte über sieben-stufige Likert-Skalen, wobei dem Extrempol trifft überhaupt nicht zu der Konstruktwert 1 und dem Extrempol trifft voll und ganz zu der Konstruktwert 7 zugeordnet wurde. Die übrigen Konstruktwerte liegen auf einem Kontinuum, das durch die beiden Extrempole und damit durch die Konstruktwerte 1 und 7 begrenzt wird. Die Ergebnisse zeigen die höchsten Konstruktwerte für die Konstrukte Differenzierungspotential, Innovationsgrad sowie Kreativität der Guerilla-Marketing-Aktion. Während diese Konstrukte im Durchschnitt von den Probanden recht positiv beurteilt wurden, wiesen die Konstrukte Vergnügen und Erregung mit Werten von 3,067 bzw. 3,247 die niedrigsten Werte auf. Die resultierenden Größen Kaufabsicht und Word-of-Mouth-Absicht wurden im Schnitt von den Probanden mit 3,104 bzw. 3,897 von möglichen 7 *Punkten* und bewertet. *Tabelle 33* gibt einen Überblick über die berechneten Konstruktwerte.

	Konstruktwerte
Differenzierungspotential	5,196
Innovationsgrad	5,152
Überzeugungskraft	4,273
Nutzenstiftung	3,437
Kreativität	5,101
Überraschung	4,432
Erregung	3,247
Vergnügen	3,067
Einstellung gegenüber der Aktion	4,268
Einstellung gegenüber der Marke	3,313
Kaufabsicht	3,104
Word-of-Mouth-Absicht	3,897

Tabelle 33: Konstruktwerte Gesamtmodell

Insgesamt hat es sich gezeigt, dass das Modell zur Erklärung der Wirkung von Guerilla-Marketing-Aktionen auf die Kaufabsicht und die Word-of-Mouth-Absicht einer Konfrontation mit dem empirischen Datenmaterial standhält. Das postulierte Untersuchungsmodell ist im Stande die realen Gegebenheiten treffend widerzuspiegeln. Lediglich zwei der insgesamt 15 im Rahmen der theoretischen Diskussion postulierten Hypothesen müssen verworfen werden. Alle anderen Zusammenhänge finden durch die Ergebnisse der Modellschätzung Bestätigung. Darüber hinaus leisten die im Modell verwendeten Determinanten einen guten Erklärungsbeitrag für die Zielkonstrukte Kaufabsicht und Word-of-Mouth-Absicht und auch die beiden zentralen Einflussgrößen Kreativität der Guerilla-Marketing-Aktion sowie Einstellung gegenüber der Guerilla-Marketing-Aktion lassen sich durch die jeweiligen antezedenten Größen sehr gut erklären.

4.4.2 Modellvergleich zur Überprüfung des Einflusses moderierender Variablen

Nach der Evaluierung des auf Basis theoretischer Überlegungen aufgestellten Hypothesensystems, zielt der folgende Abschnitt auf die Untersuchung des Vorliegens eines Einflusses moderierender Variablen auf das postulierte Beziehungsgefüge. Die Relevanz der Durchführung von Modellvergleichen lässt sich aus den Eigenschaften der moderierenden Variablen ableiten. So sind Moderatoren in der Lage, sowohl die Form wie auch die Stärke des Zusammenhangs zwischen einer unabhängigen Variablen und einer abhängigen Variablen zu determinieren.[446] Der Gruppenvergleich nach *Chin* ermöglicht es „ein für unterschiedliche Erhebungspopulationen geschätztes Modell auf Unterschiede in den Schätzern“ [447] zu überprüfen. Zentrales Charakteristikum des Gruppenvergleichs ist die Forderung nach identischen Messmodellen. Vollständige Messmodellinvarianz lässt sich in der Praxis jedoch nicht immer umsetzen. Um die Forderung dennoch so gut wie möglich zu erfüllen, ist auf die Verwendung identischer Indikatoren zur Messung der latenten Konstrukte in den beiden Modellen zu achten.[448] Voraussetzung für die Durchführung des Gruppenvergleichs ist die Aufspaltung der Gesamtstichprobe in zwei Gruppen. Sind die beiden Subpopulationen identifiziert, ist als nächstes die Gleichheit der Messinstrumentarien sicherzustellen (Forderung nach Messmodellinvarianz), indem reflektive Konstrukte auf die Gleichwertigkeit der Ladungen und formative Konstrukte auf Gleichwertigkeit der Gewichte hin zu untersuchen sind.[449]

Ist die Voraussetzung der Äquivalenz erfüllt, lässt sich das eigentliche Anliegen der Durchführung eines Gruppenvergleichs, die Prüfung der Gruppenunterschiede auf Signifikanz, in Angriff nehmen. Dazu werden die signifikanten Pfadkoeffizienten der beiden Modelle anhand eines t-Tests untersucht. Die erforderlichen t-Werte lassen sich mit der Formel von *Chin* be-

[446] Vgl. Sharma/Durand/Gur-Arie (1981).
[447] Huber at al. (2007), S. 118.
[448] Vgl. Huber at al. (2007), S. 118.
[449] Vgl. Huber at al. (2007), S. 50.

rechnen.[450] Ist der ermittelte t-Wert größer 1,96, liegt ein Unterschied auf dem 5%-Signifikanzniveau vor.[451]

$$t = \left| \frac{p_x^1 - p_x^2}{S * \sqrt{\frac{1}{m} + \frac{1}{n}}} \right| \qquad \text{mit} \qquad S = \sqrt{\frac{(m-1)^2}{m+n-2} * (\sigma(p_x^1))^2 + \frac{(n-1)^2}{m+n-2} * (\sigma(p_x^2))^2}$$

Während m bzw. n die Größe der ersten bzw. der zweiten Subpopulation kennzeichnet, handelt es sich bei p^1_x und p^2_x um die Schätzer des Originalsamples bezüglich der interessierenden Modellassoziation x [452] und bei σ (p^1_x) und σ (p^2_x) um die Standardfehler des für das Modell generierten Bootstrap-Samples, jeweils in einer ersten bzw. zweiten Stichprobe.[453]

Um die beiden in *Abschnitt 3.2.5* aufgestellten Hypothesen zu überprüfen, werden im Folgenden zwei Modellvergleiche mit den moderierenden Größen Stimmungslage und Geschlecht durchgeführt. So wurde postuliert, dass sich die Stärke der Konstruktzusammenhänge des aufgestellten Modells je nach Stimmungslage bzw. Geschlecht signifikant voneinander unterscheiden.

Modellvergleich: Stimmungslage

Um die Gesamtstichprobe von insgesamt 227 Probanden in zwei Gruppen aufteilen zu können, wurden die Teilnehmer zu Beginn der Befragung gebeten, ihre Stimmungslage anhand von vier Statements[454] auf einer sieben-stufigen Likert-Skala einzuschätzen. Der auf der Basis der Ergebnisse errechnete Median der Mittelwerte der Stichprobe liegt bei 4 und dient als Trennkriterium der Gesamtstichprobe in zwei Subpopulationen. Um eine stärkere Diskriminanz zwischen den beiden Untersuchungsgruppen und demzufolge eindeutigere Ergebnisse zu erzielen, wurden diejenigen Probanden mit einem Mittelwert in Höhe von 4 aus dem Gruppenvergleich ausgeschlossen. So ließen sich letztlich 99 Probanden der Gruppe *gedrückte Stimmung* und 106 Probanden der Gruppe *gehobene Stimmung* zuordnen.

[450] Vgl. Huber at al. (2007), S. 50.
[451] Vgl. Fahrmeier et al. (2001), S. 441ff.
[452] Die Modellassoziation kann ein Gewicht, eine Ladung oder ein Strukturkoeffizient sein.
[453] Vgl. Huber at al. (2007), S. 51.
[454] Operationalisierung in Anlehnung an Peterson/Sauber (1983): Ich fühle mich fröhlich; Ich bin in guter Stimmung; Ich bin vergnügt; Ich bin heiter.

Entsprechend dem Vorgehen zur Prüfung der Hypothesen des Gesamtmodells, sind für beide Gruppen die Strukturparameter zu schätzen sowie die Güte der beiden Schätzungen einzeln zu untersuchen. Neben den beiden Hypothesen H_{11} und H_{14}, die der empirischen Prüfung des Gesamtmodells nicht standgehalten haben, müssen im Modell mit gehobener Stimmung drei wietere der insgesamt 15 postulierten Hypothesen (H_3, H_4 und H_{10}) und im Modell mit gedrückter Stimmung zwei weitere Hypothesen (H_1 und H_4) verworfen werden.

Sowohl im Modell mit gehobener Stimmung als auch im Modell mit gedrückter Stimmung hat die Nutzenstiftung der Guerilla-Marketing-Aktion keinen signifikant positiven Einfluss auf die Kreativität der Aktion (H_4). Während der positive Einfluss des Differenzierungspotentials auf die Kreativität der Guerilla-Marketing-Aktion im Modell mit gehobener Stimmung der Konfrontation mit der Realität mit einer Irrtumswahrscheinlichkeit von 5% standhält, muss die Hypothese im Modell mit gedrückter Stimmung verworfen werden (H_1). Umgekehrt verhält es sich mit dem Einfluss der Überzeugungskraft auf die Kreativität der Guerilla-Marketing-Aktion. Hier erweist sich die theoretisch postulierte Hypothese im Modell mit gedrückter Stimmung als hoch signifikant, während sie im Modell mit gehobener Stimmung abgelehnt werden muss (H_3). Ein weiterer Unterschied zeigt sich bei Hypothese H_{10}. Während der Einfluss der emotionalen Reaktion Erregung auf die Einstellung gegenüber der Guerilla-Marketing-Aktion bei gedrückter Stimmung noch auf dem 10% Signifikanzniveau Bestätigung findet, muss die Hypothese bei gehobener Stimmung aufgrund eines zu geringen t-Wertes gänzlich verworfen werden.

Die berechneten Strukturparameter geben Aufschluss über die Einflussstärke und Wirkungsrichtung eines Konstrukts auf ein kausal nachfolgendes. Die Plausibilität des Modells mit gehobener Stimmung wie auch des Modells mit gedrückter Stimmung ist gegeben, da die Vorzeichen der Strukturparameter für die signifikanten Hypothesen allesamt den Erwartungen entsprechen. Während im Modell mit gehobener Stimmung der stärkste Einfluss des postulierten Beziehungsgefüges mit einem Strukturparameter in Höhe von 0,727 zwischen der Einstellung gegenüber der Marke und der Kaufabsicht besteht, ist es im Modell mit gedrückter Stimmung der Einfluss der Kreativität der Guerilla-Marketing-Aktion auf die Einstellung gegenüber dieser, der mit einem Strukturparameter von 0,582 den stärksten Effekt ausübt. Die folgenden beiden Abbildungen geben die Ergebnisse der Hypothesenprüfung für die Gruppe mit gehobener Stimmung (*Abbildung 14*) sowie für die Gruppe mit gedrückter Stimmung (*Abbildung 15*) wieder.

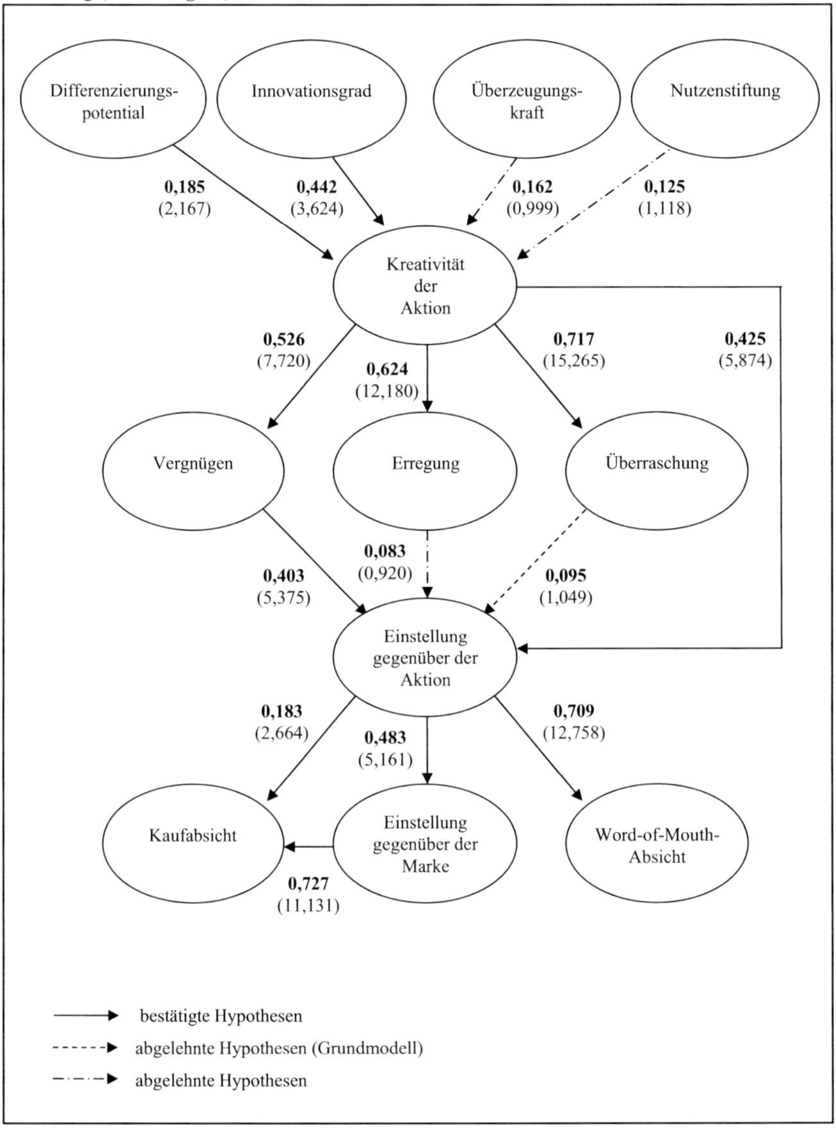

Abbildung 14: Ergebnisse der Hypothesenprüfung – Gehobene Stimmung [455]

[455] Die Strukturparameter an den zugehörigen Pfaden sind in Fettschrift eingezeichnet, die t-Werte in Klammern unter den entsprechenden Strukturparametern angegeben.

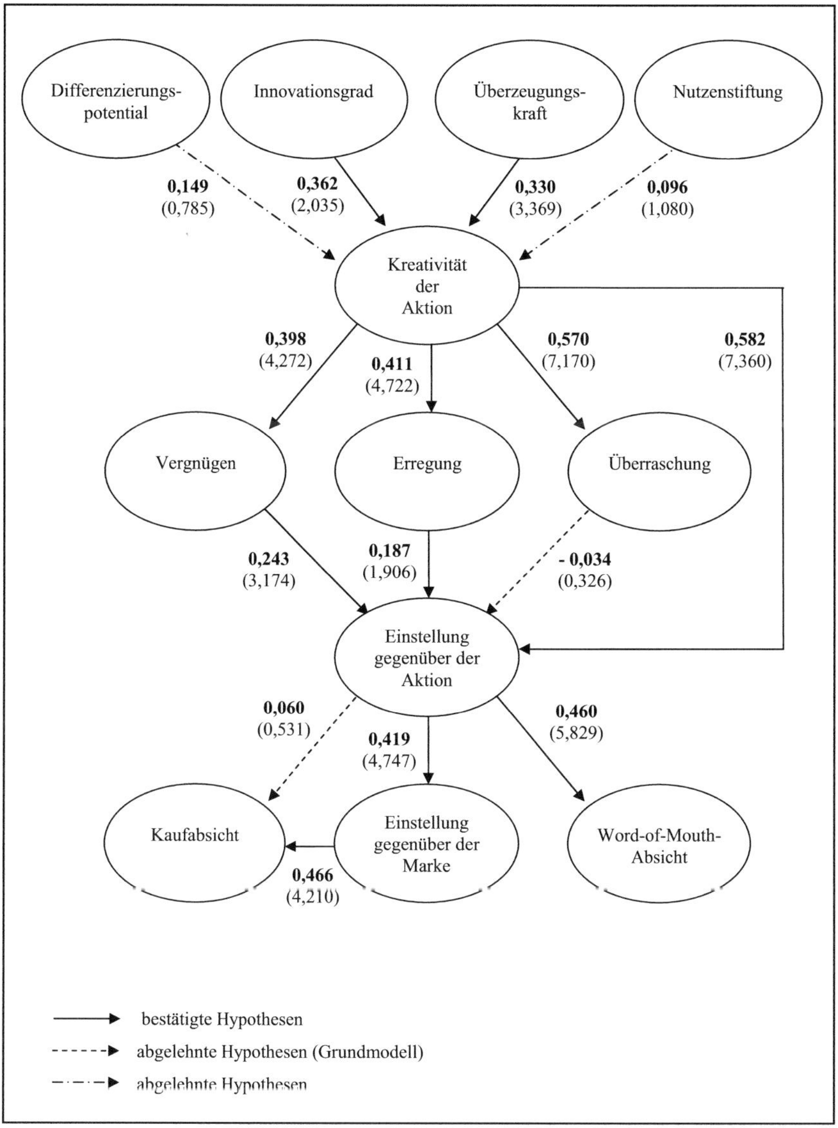

Abbildung 15: Ergebnisse der Hypothesenprüfung – Gedrückte Stimmung [456]

[456] Die Strukturparameter an den zugehörigen Pfaden sind in Fettschrift eingezeichnet, die t-Werte in Klammern unter den entsprechenden Strukturparametern angegeben.

Im Anschluss an die Prüfung auf statistische Signifikanz werden im Folgenden die beiden Gütekriterien Bestimmtheitsmaß R^2 und Stone-Geissers Q^2 für beide Strukturmodelle getrennt berechnet. Zunächst zum Bestimmtheitsmaß R^2. Analog zum Grundmodell unterschreiten die beiden endogenen Konstrukte Vergnügen und Einstellung gegenüber der Marke das geforderte Minimum von 0,3, sowohl im Modell mit gehobener Stimmung als auch im Modell mit gedrückter Stimmung. In letzterem erfüllen neben diesen beiden auch die Konstrukte Erregung, Kaufabsicht und Word-of-Mouth-Absicht die Anforderungen des Gütekriteriums nicht. Insgesamt fällt auf, dass sich bei allen Konstrukten des Modells mit gehobener Stimmung (zum Teil deutlich) höhere R^2-Werte ergeben. Die einzelnen Konstrukte lassen sich unter gehobener Stimmung durchweg besser durch die im Modell berücksichtigten und auf das jewielige Konstrukt wirkenden antezedenten Größen erklären. Die größten Unterschiede in den R^2-Werten zeigen sich bei den resultierenden Größen Kaufabsicht und Word-of-Mouth-Absicht sowie der emotionalen Dimension Erregung. Unter gehobener Stimmung sind die R^2-Werte für das Konstrukt Kaufabsicht knapp doppelt so hoch (0,434 im Vergleich zu 0,244), für das Konstrukt Word-of-Mouth-Absicht sogar mehr als doppelt so hoch (0,502 im Vergleich zu 0,212) und für das Konstrukt Erregung ebenfalls mehr als doppelt so hoch (0,390 im Vergleich zu 0,169).

Ein weiterer deutlicher Unterschied zeigt sich für das Konstrukt Überraschung. Wird das Konstrukt unter gedrückter Stimmung zu 32,5% durch die antezedente Größe Kreativität der Guerilla-Marketing-Aktion erklärt, sind es im Falle gehobener Stimmung deutlich höhere 51,4%. Auch zwischen den R^2-Werten des Konstrukts Einstellung gegenüber der Guerilla-Marketing-Aktion sind je nach Stimmungslage Unterschiede zu erkennen. So erklären die kausal vorgelagerten Größen Kreativität, Vergnügen, Erregung und Überraschung das Konstrukt unter gedrückter Stimmung zu 66,9%, während unter gehobener Stimmung 74,7% durch die antezedenten Größen erklärt werden.

Das Gütekriterium Stone-Geissers Q^2 trifft eine Aussage über die Vorhersagevalidität des Strukturmodells. Wie bereits in *Abschnitt 4.4* erläutert, resultiert aus einem niedrigen R^2-Wert die Nicht-Erfüllung der Anforderungen des entsprechenden Q^2-Wertes. *Tabelle 34* gibt einen Überblick über die Ergebnisse der Gütekriterien der beiden Strukturmodelle.

Konstrukt	Gehobene Stimmung		Gedrückte Stimmung	
	R^2	Q^2 (Redundanz)	R^2	Q^2 (Redundanz)
Kreativität	0,635	0,545	0,619	0,531
Überraschung	0,514	0,344	0,325	0,120
Erregung	0,390	0,113	0,169	-0,211
Vergnügen	0,277	0,009	0,159	-0,218
Einstellung gegenüber der Aktion	0,747	0,646	0,669	0,550
Einstellung gegenüber der Marke	0,234	-0,018	0,175	-0,136
Kaufabsicht	0,434	0,426	0,244	-0,016
Word-of-Mouth-Absicht	0,502	0,383	0,212	-0,063

Tabelle 34: Gütekriterien zur Beurteilung der Strukturmodelle für gehobene und gedrückte Stimmung

Die wichtigste Aufgabe bei der Durchführung eines Modellvergleichs besteht darin, die Gruppenunterschiede auf Signifikanz hin zu untersuchen. Betrachtet man die Ergebnisse der nach *Chin* berechneten t-Werte, lässt sich erkennen, dass sich die Stimmungslage signifikant auf den Zusammenhang zwischen der Einstellung gegenüber der Guerilla-Marketing-Aktion und der Word-of-Mouth-Absicht (t-Wert = 2,620) auswirkt. Des Weiteren ergeben sich signifikante Unterschiede für die Zusammenhänge zwischen der Einstellung gegenüber der Marke und der Kaufabsicht (t-Wert = 2,073) sowie zwischen der Kreativität der Guerilla-Marketing-Aktion und der durch die Aktion ausgelösten Erregung (t-Wert = 2,154). Die Ergebnisse zeigen unter gehobener Stimmung jeweils deutlich stärkere Einflüsse. Alle anderen Zusammenhänge weisen hingegen keine signifikanten Unterschiede auf. Da sich für die beiden zentralen Einflüsse auf die zu erklärenden Größen Kaufabsicht und Word-of-Mouth-Absicht signifikante Unterschiede zeigen, kann die aufgestellte Hypothese, dass die Stimmungslage der Konsumenten auf die Wirkung von Guerilla-Marketing-Aktionen Einfluss nimmt, im Großen und Ganzen bestätigt werden. *Tabelle 35* verschafft einen Überblick bezüglich der Ergebnisse.

Analog zum Vorgehen in *Abschnitt 4.4* sollen auch hier die über alle Probanden gemittelten Konstruktwerte betrachtet werden. Vergleicht man die berechneten Konstruktwerte des Modells mit gehobener Stimmung mit den Werten unter gedrückter Stimmung, so zeigt sich, dass positiv gestimmte Probanden die einzelnen Konstrukte durchweg besser beurteilt haben. *Tabelle 36* gewährt einen Überblick über die berechneten Konstruktwerte der beiden Modelle.

Hypothese	Gehobene Stimmung		Gedrückte Stimmung		Modellvergleich
	Pfad-Koeffizient	Standard-Fehler	Pfad-Koeffizient	Standard-Fehler	t-Wert
H_1	0,185	0,085	0,149	0,190	0,178
H_2	0,442	0,122	0,362	0,178	0,377
H_3	0,162	0,162	0,330	0,098	0,876
H_4	0,125	0,112	0,096	0,089	0,202
H_5	0,526	0,068	0,398	0,093	1,125
H_6	0,624	0,051	0,411	0,087	2,154 *
H_7	0,717	0,047	0,570	0,080	1,625
H_8	0,425	0,072	0,582	0,079	1,474
H_9	0,403	0,075	0,243	0,077	1,499
H_{10}	0,083	0,090	0,187	0,098	0,786
H_{12}	0,483	0,094	0,419	0,088	0,498
H_{13}	0,727	0,065	0,466	0,111	2,073 *
H_{15}	0,709	0,056	0,460	0,079	2,620 **

Tabelle 35: Gruppenvergleich Stimmung – t-Werte nach Chin[457]

Konstrukt	Konstruktwerte (gemittelt über alle Probanden)	
	Gehobene Stimmung	Gedrückte Stimmung
Differenzierungspotential	5,312	5,176
Innovationsgrad	5,300	5,082
Überzeugungskraft	4,430	4,175
Nutzenstiftung	3,610	2,998
Kreativität	5,217	5,071
Überraschung	4,637	4,271
Erregung	3,522	3,183
Vergnügen	3,241	3,014
Einstellung gegenüber der Aktion	4,470	4,125
Einstellung gegenüber der Marke	4,732	4,711
Kaufabsicht	4,492	3,126
Word-of-Mouth-Absicht	4,268	3,664

Tabelle 36: Konstruktwerte im Vergleich – gehobene und gedrückte Stimmung

[457] * = signifikant auf dem 5% Niveau (t > 1,96); ** = signifikant auf dem 0,5% Niveau (t > 2,58).

Modellvergleich: Geschlecht

In einem weiteren Gruppenvergleich soll im Folgenden die Hypothese überprüft werden, dass sich die Stärke der Konstruktzusammenhänge des aufgestellten Modells zur Analyse der Wirkung von Guerilla-Marketing-Aktionen bei Männern und Frauen signifikant voneinander unterscheidet. Trennkriterium der Gesamtstichprobe war in diesem Fall das Geschlecht der Probanden, so dass letztendlich 118 Probanden der Gruppe *Frauen* und 109 Probanden der Gruppe *Männer* zugeordnet werden konnten. Auch hier wird für beide Gruppen zunächst eine Schätzung der Strukturparameter durchgeführt, die Güte der beiden Schätzungen evaluiert und die für das Gesamtmodell postulierten Hypothesen auf ihre Gültigkeit hin betrachtet. Aus dem Modell *Frauen* mussten zwei Hypothesen (H_1 und H_4) und aus dem Modell *Männer* eine weitere Hypothese (H_3) aufgrund mangelnder Signifikanz eliminiert werden. Die Ergebnisse der beiden Hypothesenprüfungen zeigen, dass die Beibehaltung oder Falsifizierung der postulierten Zusammenhänge zwischen der Kreativität der Guerilla-Marketing-Aktion und den antezedenten Konstrukten Differenzierungspotential, Innovationsgrad, Überzeugungskraft und Nutzenstiftung in Abhängigkeit vom Geschlecht der Probanden sehr unterschiedlich ausfällt. Während der positive Einfluss des Differenzierungspotentials auf die Kreativität der Guerilla-Marketing-Aktion im Modell *Männer* immerhin noch mit einer Irrtumswahrscheinlichkeit von 10% bestätigt werden kann, muss die Hypothese im Modell *Frauen* gänzlich verworfen werden (H_1). Ein weiterer Unterschied zeigt sich bei Hypothese H_3. Der hier postulierte Einfluss der Überzeugungskraft der Guerilla-Marketing-Aktion auf die Beurteilung der Kreativität der Aktion erweist sich im Modell *Frauen* als hoch signifikant, während ihm im Modell *Männer* kein empirischer Wahrheitsgehalt attestiert werden kann. Abhängig vom Geschlecht der Probanden findet die Hypothese, dass die Nutzenstiftung der Guerilla-Marketing-Aktion die Kreativität der Aktion positiv beeinflusst, im Modell *Männer* hoch signifikante Bestätigung, während sie im Modell *Frauen* abgelehnt werden muss (H_4). Da sowohl im Modell *Frauen* als auch im Modell *Männer* die Vorzeichen der Strukturparameter für die signifikanten Hypothesen allesamt den Erwartungen entsprechen, ist die Plausibilität der beiden Modellen gegeben. Während im Modell *Frauen* der stärkste Einfluss des postulierten Hypothesensystems mit einem Strukturparameter in Höhe von 0,704 zwischen der Einstellung gegenüber der Guerilla-Marketing-Aktion und der Word-of-Mouth-Absicht besteht, übt im Modell *Männer* die Einstellung gegenüber der Marke auf die Kaufabsicht mit einem Strukturparameter von 0,560 den stärksten Einfluss aus. Die beiden folgenden Abbildungen geben die

Ergebnisse der Hypothesenprüfung der Gruppe *Frauen* (*Abbildung 16*) bzw. der Gruppe *Männer* (*Abbildung 17*) wieder.

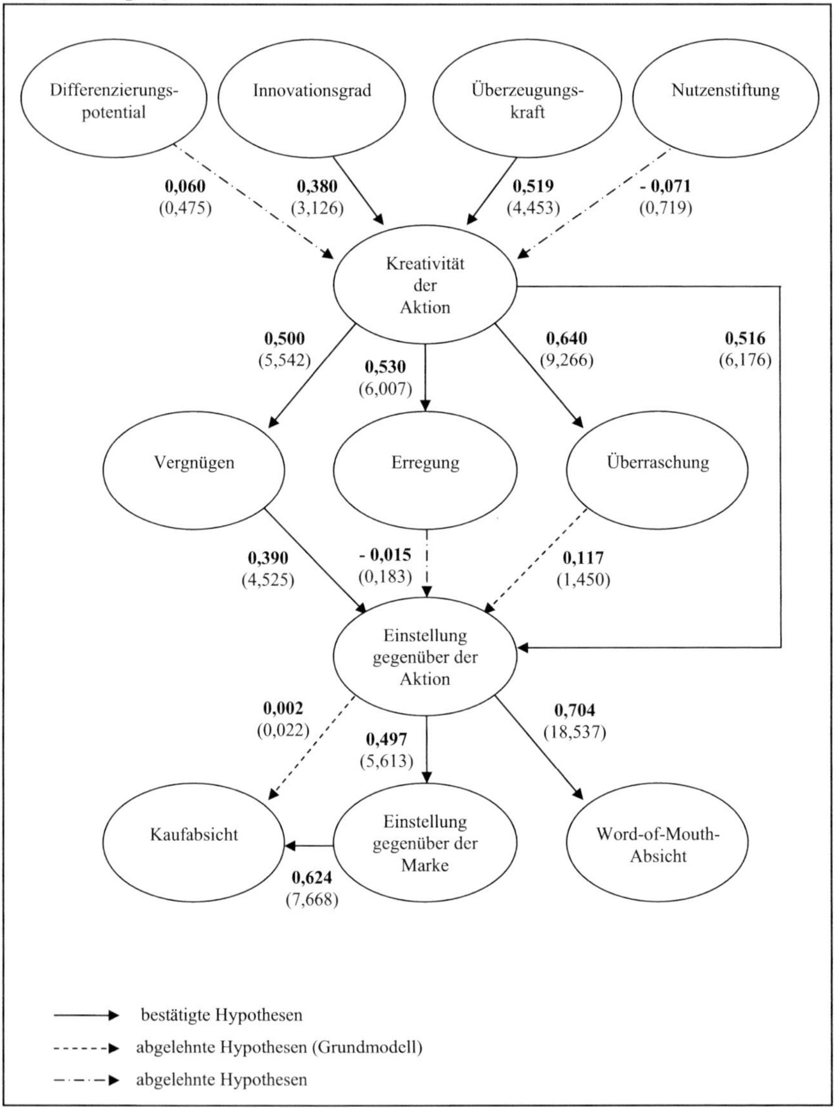

Abbildung 16: Ergebnisse der Hypothesenprüfung – Frauen[458]

[458] Die Strukturparameter an den zugehörigen Pfaden sind in Fettschrift eingezeichnet, die t-Werte in Klammern unter den entsprechenden Strukturparametern angegeben.

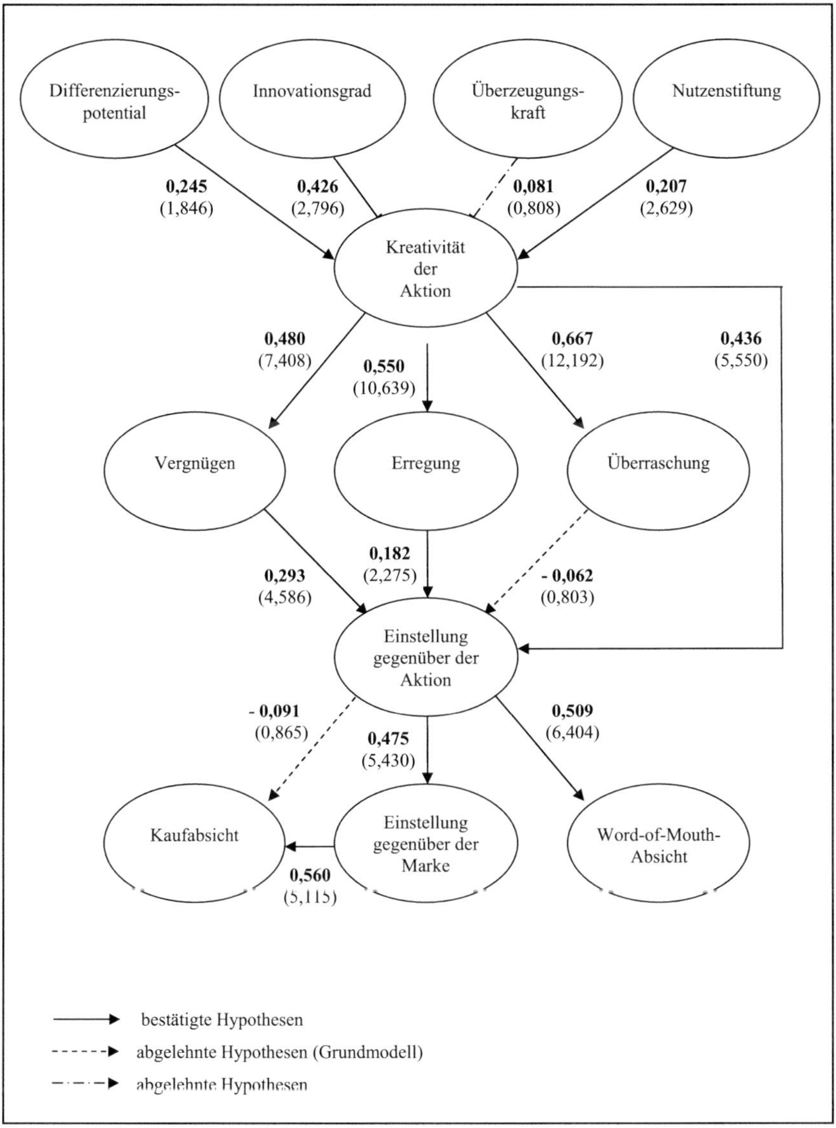

Abbildung 17: Ergebnisse der Hypothesenprüfung – Männer[459]

[459] Die Strukturparameter an den zugehörigen Pfaden sind in Fettschrift eingezeichnet, die t-Werte in Klammern unter den entsprechenden Strukturparametern angegeben.

Als weitere Gütekriterien werden im Folgenden wiederum das Bestimmtheitsmaß R^2 und Stone-Geissers Q^2 herangezogen. Betrachtet man die berechneten R^2-Werte (*Tabelle 37*), zeigt sich, dass die drei endogenen Konstrukte Erregung, Vergnügen und Einstellung gegenüber der Marke das geforderte Minimum von 0,3 im Modell *Frauen* nicht erfüllen. Im Modell *Männer* liegen die endogenen Konstrukte Vergnügen, Einstellung gegenüber der Aktion, Kaufabsicht und Word-of-Mouth-Absicht unterhalb der Grenze von 0,3. Ingesamt fällt auf, dass die Unterschiede in den R^2-Werten deutlich geringer und weniger einheitlich sind, als dies beim vorherigen Gruppenvergleich (Moderator Stimmungslage) der Fall war. Der größte Unterschied in den R^2-Werten zeigt sich bei der resultierenden Größe Word-of-Mouth-Absicht. Wird das Konstrukt im Modell *Frauen* zu 49,6% durch die antezedente Größe Einstellung gegenüber der Guerilla-Marketing-Aktion erklärt, sind es im Fall der männlichen Probanden lediglich 25,9%, die durch die kausal vorgelagerte Größe determiniert werden. Des Weiteren sind geschlechtsspezifische Unterschiede zwischen den R^2-Werten der Konstrukte Kaufabsicht und Einstellung gegenüber der Guerilla-Marketing-Aktion auszumachen.[460]

Konstrukt	Frauen		Männer	
	R^2	Q^2 (Redundanz)	R^2	Q^2 (Redundanz)
Kreativität	0,668	0,608	0,653	0,571
Überraschung	0,410	0,233	0,445	0,284
Erregung	0,281	-0,008	0,303	-0,011
Vergnügen	0,250	-0,038	0,230	-0,075
Einstellung gegenüber der Aktion	0,752	0,644	0,667	0,553
Einstellung gegenüber der Marke	0,247	0,005	0,226	-0,041
Kaufabsicht	0,390	0,222	0,274	0,036
Word-of-Mouth-Absicht	0,496	0,377	0,259	0,105

Tabelle 37: Gütekriterien zur Beurteilung der Strukturmodelle für Frauen und Männer

Das primäre Ziel bei der Durchführung eines Modellvergleichs ist die Prüfung der Gruppenunterschiede auf Signifikanz. Dabei beschränkt sich die Analyse auf die im Rahmen der Hypothesenprüfung des Gesamtmodells in *Abschnitt 4.4* als signifikant identifizierten Hypothesen. Betrachtet man die berechneten t-Werte, zeigt sich, dass sich das Geschlecht signifikant

[460] Vergleiche hierzu sowie für einen allgemeinen Überblick über die Gütekriterien die Ergebnisse in *Tabelle 37*.

auf den Zusammenhang zwischen der Überzeugungskraft und der Kreativität der Guerilla-Marketing-Aktion (t-Wert = 2,84) auswirkt. Darüber hinaus lassen sich signifikante Unterschiede für den Zusammenhang zwischen der Nutzenstiftung und der Kreativität der Aktion (t-Wert = 2,19) wie auch zwischen der Einstellung gegenüber der Guerilla-Marketing-Aktion und der Word-of-Mouth-Absicht (t = 2,28) identifizieren. Die übrigen postulierten Zusammenhänge weisen keine signifikanten Unterschiede auf. Folglich kann die aufgestellte Hypothese, dass das Geschlecht der Konsumenten auf die Wirkung von Guerilla-Marketing-Aktionen Einfluss nimmt, nur bedingt bestätigt werden. T*abelle 38* verschafft einen Überblick bezüglich der Ergebnisse der berechneten t-Werte nach *Chin*.

Hypothese	Frauen		Männer		Modellvergleich
	Pfad-Koeffizient	Standard-Fehler	Pfad-Koeffizient	Standard-Fehler	t-Wert
H_1	0,060	0,126	0,245	0,133	1,014
H_2	0,380	0,122	0,426	0,152	0,239
H_3	0,519	0,117	0,081	0,100	2,839 **
H_4	-0,071	0,099	0,207	0,079	2,189 *
H_5	0,500	0,090	0,480	0,065	0,178
H_6	0,530	0,088	0,550	0,052	0,192
H_7	0,640	0,069	0,667	0,055	0,304
H_8	0,516	0,084	0,436	0,079	0,697
H_9	0,390	0,086	0,293	0,064	0,896
H_{10}	-0,015	0,082	0,182	0,080	1,720
H_{12}	0,497	0,089	0,475	0,088	0,177
H_{13}	0,624	0,081	0,560	0,110	0,476
H_{15}	0,704	0,038	0,509	0,080	2,277 *

Tabelle 38: Gruppenvergleich Geschlecht – t-Werte nach Chin[461]

Schließlich sollen auch hier die über alle Probanden gemittelten Konstruktwerte betrachtet werden. Lediglich für die emotionale Dimension Erregung und das Konstrukt Kaufabsicht lassen sich erwähnenswerte Differenzen identifizieren. Die Ergebnisse zeigen, dass Frauen im Schnitt eine stärkere, durch die Aktion ausgelöste, Erregung wie auch eine größere Kaufab-

[461] * = signifikant auf dem 5% Niveau (t > 1,96); ** = signifikant auf dem 0,5% Niveau (t > 2,58).

sicht angaben. Ansonsten zeigt der Vergleich der Konstruktwerte der beiden Modelle keine nennenswerten Unterschiede. *Tabelle 39* gewährt einen Überblick über die Ergebnisse.

	Konstruktwerte	
	Frauen	**Männer**
Differenzierungspotential	5,164	5,239
Innovationsgrad	5,133	5,173
Überzeugungskraft	4,408	4,132
Nutzenstiftung	3,618	3,240
Kreativität	5,085	5,119
Überraschung	4,536	4,320
Erregung	3,910	2,884
Vergnügen	3,236	2,890
Einstellung gegenüber der Aktion	4,423	4,101
Einstellung gegenüber der Marke	4,757	4,567
Kaufabsicht	3,433	2,757
Word-of-Mouth-Absicht	4,073	3,705

Tabelle 39: Konstruktwerte im Vergleich – Frauen und Männer

4.5 Interpretation und Diskussion der Ergebnisse

Die Ergebnisse der Hypothesenprüfung zeigen, dass die vier antezedenten Konstrukte Differenzierungspotential, Innovationsgrad, Überzeugungskraft und Nutzenstiftung jeweils einen direkten positiven Einfluss auf die Kreativität der Guerilla-Marketing-Aktion ausüben. Mit einem R^2-Wert in Höhe von 0,642 lässt sich die Kreativität der Guerilla-Marketing-Aktion außerordentlich gut durch die vier im Modell berücksichtigten Konstrukte erklären. Beschränkt man die Betrachtung zunächst auf die Signifikanz der vier postulierten Effekte, ohne näher auf deren Einflussstärke einzugehen, deuten die Ergebnisse darauf hin, dass eine Guerilla-Marketing-Aktion als kreativ bewertet wird, wenn der präsentierte Stimulus in den Augen der Rezipienten zum einen originell und innovativ, zum anderen aber auch verständlich ist und darüber hinaus einen Nutzen stiftet. Die Erkenntnisse der Untersuchung stehen somit im Einklang mit zahlreichen Studien, welche die Kreativität als eine Funktion aus Unerwartetheit und Sinnhaftigkeit beschreiben.[462]

Insgesamt zeigt es sich jedoch, dass die vier antezedenten Konstrukte sehr unterschiedlich stark zur Erklärung der Kreativität der Guerilla-Marketing Aktion beitragen. Der stärkste Einfluss auf die Kreativität geht vom Innovationsgrad der Guerilla-Marketing-Aktion aus. Er ist mit einem Strukturparameter in Höhe von 0,400 fast doppelt so stark, wie der zweitgrößte Effekt, der Einfluss der Überzeugungskraft auf die Kreativität der Guerilla-Marketing-Aktion (0,233). Dies deutet darauf hin, dass ein Stimulus vor allem dann als kreativ beurteilt wird, wenn er für die Rezipienten neuartig und damit unerwartet ist. Die Ergebnisse zeigen jedoch auch, dass man Kreativität nicht mit Erregung von Aufmerksamkeit gleichsetzen darf. Auch wenn Neuartigkeit und Unerwartetheit den Ergebnissen zufolge von wesentlich größerer Bedeutung für die Erklärung von Kreativität sind, muss der Stimulus für den Rezipienten dennoch verständlich und überzeugend sein, damit er letztlich als kreativ bezeichnet wird. Betrachtet man die Wirkung der Nutzenstiftung auf die Kreativität der Guerilla-Marketing-Aktion, so konnte der vermutete direkte positive Effekt nur auf dem 10% Signifikanzniveau verifiziert werden. Dies lässt vermuten, dass die Beurteilung einer Guerilla-Marketing-Aktion als kreativ nur peripher darauf basiert, ob der Rezipient aus der Aktion einen Nutzen ziehen kann. Mit anderen Worten deuten die Ergebnisse darauf hin, dass die Kreativitätsbeurteilung weitgehend unabhängig davon erfolgt, ob sich die Aktion in den Augen des Rezipienten zur Befriedigung latenter Bedürfnisse eignet. Betrachtet man die Korrelationen der Variable Nutzenstiftung mit den anderen Konstrukten des Modells, fällt auf, dass die Nutzenstiftung stark mit der Einstellung gegenüber der Guerilla-Marketing-Aktion (0,734) korreliert. Die hohe Korrelation zwischen den beiden Konstrukten suggeriert, dass der Nutzenstiftung, trotz der nur geringen Relevanz für die Beurteilung der Kreativität, dennoch ein Wert zugesprochen werden kann. So kann vermutet werden, dass die Nutzenstiftung der Guerilla-Marketing-Aktion für die Einstellungsbildung von Bedeutung ist.

Weiterhin liefert die in der Hypothesenherleitung in *Abschnitt 3.2.1* vorgenommene Aufspaltung der Kreativitätsdimension Neuartigkeit/Originalität in die beiden Subdimensionen Differenzierungspotential und Innovationsgrad wie auch die Aufspaltung der zweiten Kreativitätsdimension Sinnhaftigkeit/Strategiebezug in die beiden Subdimensionen Überzeugungs-

[462] Vgl. beispielhaft Altsech (1996), S. 42; Ang/Low (2000), S. 841; Lee/Mason (1999), S. 161f.

kraft und Nutzenstiftung interessante Erkenntnisse. Mit einem Strukturparameter in Höhe von 0,400 ist der Einfluss des Innovationsgrades auf die Kreativität der Guerilla-Marketing-Aktion mehr als doppelt so stark, wie der Zusammenhang zwischen dem Differenzierungspotential und der Kreativität der Guerilla-Marketing-Aktion (0,182). Des Weiteren ist die Wirkung der Überzeugungskraft auf die Kreativität der Guerilla-Marketing-Aktion mit einem Strukturparameter von 0,233 doppelt so hoch, wie der Effekt der Nutzenstiftung auf die Kreativität (0,115). In der Sprache der Schematheorie lässt sich die Kreativität als eine Funktion aus einem Aufmerksamkeit erregenden, schemainkongruenten Reiz (Originalität/ Neuartigkeit) und der Auflösung der Inkongruenz dieses Reizes (Sinnhaftigkeit/ Strategiebezug) beschreiben. Vor diesem Hintergrund suggerieren die Ergebnisse, dass ein Reiz stärker über seinen Innovationsgrad als sein Differenzierungspotential Aufmerksamkeit erregt und dass die Verständlichkeit zur Auflösung der Inkongruenz eine wesentlich wichtigere Rolle spielt, als die Nutzenstiftung.

Den drei theoretisch postulierten positiven Wirkungen der Kreativität der Guerilla-Marketing-Aktion auf die Überraschung, die Erregung und das Vergnügen der Probanden kann empirischer Wahrheitsgehalt attestiert werden. Zudem hält der positive, direkte Einfluss der Kreativität der Guerilla-Marketing-Aktion auf die Einstellung gegenüber dieser der Konfrontation mit der Realität stand. Die vier von der Kreativität der Guerilla-Marketing-Aktion ausgehenden Hypothesen weisen allesamt sehr hohe Pfadkoeffizienten auf. Die Ergebnisse der Untersuchung liefern damit Unterstützung für die vermutete aktivierende Wirkung einer kreativen Werbegestaltung. Die Aktivierung durch den Werbestimulus stellt die Grundvoraussetzung für eine erfolgreiche Werbewirkung dar. Nur wenn die Werbung von den Konsumenten wahrgenommen wird, hat sie die Chance zu wirken. In Zeiten austauschbarer Produkte und überreizter Konsumenten wird es immer schwieriger die Aufmerksamkeit auf das eigene Produkt zu lenken. Kreative Werbung setzt auf unerwartete und überraschende Aktionen und schafft es darüber die Wahrnehmungsbarrieren zu überwinden und gezielte Aufmerksamkeit hervorzurufen. Kreative Werbung spricht Emotionen an und führt über eine intensive Auseinandersetzung mit dem Werbestimulus zur Verankerung der dargebotenen Information in den Köpfen der Konsumenten.

Betrachtet man die Wirkung der Kreativität der Guerilla-Marketing-Aktion auf das durch die Aktion ausgelöste Vergnügen, so konnte der vermutete direkte positive Effekt verifiziert werden. Mit einem Strukturparameter von 0,484 nimmt die Kreativität einen signifikanten Einfluss auf das emotionale Konstrukt Vergnügen. Der vermutete positive Einfluss der Kreativität der Guerilla-Marketing-Aktion auf die durch die Aktion ausgelöste Erregung ist ebenfalls signifikant. Die Kreativität trägt mit einem Strukturparameter von 0,531 deutlich zur Erklärung der Erregung bei. Die Ergebnisse deuten darauf hin, dass eine kreative Guerilla-Marketing-Aktion sowohl positive Gefühle bei den Rezipienten ausgelöst, als auch den Grad der Aktivierung der Rezipienten positiv beeinflusst. Der jeweils nur geringe erklärte Varianzanteil der beiden emotionalen Konstrukte Vergnügen (0,234) und Erregung (0,282) deutet darauf hin, dass die Kreativität der Guerilla-Marketing-Aktion nicht ausreicht, um das Vergnügen beziehungsweise die Erregung hinreichend zu determinieren. Hieraus kann man schließen, dass weitere nicht im Modell berücksichtigte Größen die beiden Konstrukte in erheblichem Ausmaß beeinflussen. Eine mögliche, nicht im Modell berücksichtigte Größe könnte beispielsweise die zum Zeitpunkt der Befragung evidente Stimmung der Konsumenten sein, da von der Stimmungslage angenommen wird, dass sie verstärkend auf das emotionale Involvement einwirkt.

Anhand der Ergebnisse kann der Kreativität der Guerilla-Marketing-Aktion ein direkter positiver Einfluss auf die ausgelöste Emotion Überraschung bescheinigt werden. Mit einem Pfadkoeffizienten in Höhe von 0,651 und einen erklärten Varianzanteil von 0,424 bestätigt sich der Zusammenhang recht deutlich. Um die Aufmerksamkeit der werbeübersättigten Konsumenten zu gewinnen, setzt die Guerilla-Philosophie auf Überraschungseffekte. Guerilla-Marketing-Aktionen sind originell und unerwartet, lassen sich nicht in die vorhandenen Schemata einordnen und lösen darüber bei den Rezipienten Überraschung aus. Die Erkenntnis der Untersuchung steht somit im Einklang mit dem Bielefelder Modell, demzufolge ein von einem aktiven Schema abweichender Stimulus zu Überraschung bei den Rezipienten führt.

Von vier Hypothesen, denen ein direkter Einfluss auf die Einstellung gegenüber der Guerilla-Marketing-Aktion postuliert wurde, konnten drei bestätigt werden. Die Kreativität der Guerilla-Marketing-Aktion sowie die beiden Emotionsdimensionen Erregung und Vergnügen haben allesamt einen direkten positiven Einfluss auf die Einstellung der Probanden gegenüber der Guerilla-Marketing-Aktion. Der erklärte Varianzanteil in Höhe von 70,3% deutet darauf hin, dass die in das Kausalmodell einbezogenen Determinanten die Entstehung der Einstellung gegenüber der Guerilla-Marketing-Aktion außerordentlich gut erklären können. Der stärkste Zusammenhang besteht mit einem Strukturparameter in Höhe von 0,480 zwischen der kognitiven Determinante Kreativität der Guerilla-Marketing-Aktion und der Einstellung gegenüber dieser. Neben diesem starken direkten Effekt übt die Kreativität auch einen deutlichen indirekten Effekt (0,216) über die ausgelösten emotionalen Reaktionen auf die Einstellung gegenüber der Guerilla-Marketing-Aktion aus. Mit einem Gesamteffekt von 0,696 liegt gar der stärkste Zusammenhang im postulierten Hypothesengefüge vor. Die Ergebnisse deuten darauf hin, dass eine als kreativ eingeschätzte Guerilla-Marketing-Aktion einen erheblichen Beitrag zur Bildung einer positiven Einstellung gegenüber der Aktion leistet. Aufgrund der veränderten Kommunikationsbedingungen wird es immer schwieriger positive Einstellungen gegenüber einem Werbestimulus zu generieren. Die Potentiale der klassischen Werbung scheinen weitgehend ausgeschöpft. Konventionelle Werbung wird mehr und mehr als ideenlos, wenig faszinierend, langweilig und durch die zunehmende Ausweitung des Werbedrucks als nervend empfunden.[463] Kreative Werbestimuli überraschen, sind unerwartet und darüber in der Lage, die Einstellung gegenüber der Werbung (hier Guerilla-Marketing-Aktion) positiv zu beeinflussen.

Der zweitstärkste Einfluss auf die Einstellung gegenüber der Guerilla-Marketing-Aktion geht von der affektiven Determinante Vergnügen aus. Mit einem Strukturparameter von 0,337 trägt das durch die Guerilla-Marketing-Aktion ausgelöste Vergnügen in signifikantem Maß zur Erklärung der Einstellung gegenüber der Guerilla-Marketing-Aktion bei. Der Zusammenhang zwischen dem Vergnügen und der Einstellung gegenüber der Aktion ist dabei dreimal so stark, wie die Wirkung der Erregung auf die Einstellung gegenüber der Aktion (0,100). Der positive Zusammenhang zwischen der empfundenen Erregung und der Einstellung gegenüber der Guerilla-Marketing-Aktion kann im vorliegenden Modell lediglich auf dem 10% Signifikanzniveau beibehalten werden. Die Ergebnisse deuten darauf hin, dass die Einstellungsbildung wesentlich stärker auf den durch die Guerilla-Marketing-Aktion ausgelösten positiven Gefühlen denn auf der empfundenen Erregung basiert.

Weiterhin ergab die Evaluation der Ergebnisse, dass nicht alle postulierten Wirkungszusammenhänge als signifikant angesehen werden können. So musste der Zusammenhang zwischen der durch die Guerilla-Marketing-Aktion ausgelösten Überraschung und der Einstellung gegenüber der Aktion verworfen werden. Entgegen des oftmals postulierten Einflusses der emo-

[463] Vgl. Leisse (2002), S. 84.

tionalen Reaktionen auf die Einstellung, scheinen die Konsumenten der Emotion Überraschung keinen gesonderten Stellenwert bei der Einstellungsbildung zuzusprechen.

Die Ergebnisse stützen die in der Literatur zur emotionalen Werbewirkungsforschung postulierte Relevanz der emotionalen Reaktion als Mediator zwischen der Art der Werbegestaltung und der Einstellung gegenüber der Werbung nur bedingt. Während die kreative Gestaltung der Werbebotschaft starke emotionale Reaktionen hervorruft, sind die Wirkungen der emotionalen Reaktionen deutlich geringer, die Wirkung der Emotion Überraschung sogar nicht signifikant. Was die Wirkung auf die Einstellung gegenüber der Guerilla-Marketing-Aktion angeht, ist der Gestaltungsfaktor Kreativität den emotionalen Reaktionen deutlich überlegen. Dies suggeriert, dass die Einstellungsbildung stärker auf kognitiven denn auf emotionalen Vorgängen in inneren des Individuums basiert.

Betrachtet man die Wirkung der Einstellung gegenüber der Guerilla-Marketing-Aktion auf die Word-of-Mouth-Absicht der potentiellen Konsumenten, so konnte der vermutete direkte positive Effekt verifiziert werden. Mit einem Strukturparameter in Höhe von 0,607 trägt die Einstellung gegenüber der Guerilla-Marketing-Aktion in erheblichem Maß zur Erklärung der Word-of-Mouth-Absicht der potentiellen Konsumenten bei. Des Weiteren zeigen die Ergebnisse, dass die emotionale Dimension Vergnügen wie auch die Kreativität der Guerilla-Marketing-Aktion, indirekt über die Einstellung gegenüber der Aktion, in der Lage sind die Word-of-Mouth-Absicht zu stimulieren. Daraus lässt sich folgern, dass die Rezipienten Freunden, Kollegen und Bekannten vor allem dann von einer Guerilla-Marketing-Aktion berichten, wenn die Aktion in ihren Augen überraschend und außergewöhnlich ist und zudem positive Gefühle bei ihnen ausgelöst hat.

Auch dem vermuteten positiven Effekt der Einstellung gegenüber der Guerilla-Marketing-Aktion auf die Einstellung gegenüber der Marke kann nach der Konfrontation mit dem empirischen Datenmaterial Wahrheitsgehalt bescheinigt werden. Die Einstellung gegenüber der Guerilla-Marketing-Aktion trägt mit einem Strukturparameter von 0,486 deutlich zur Erklärung der Einstellung gegenüber der Marke bei. Diese Erkenntnis stützt die Dual Mediation Hypothesis von *MacKenzie*, *Lutz* und *Blech*, wonach sich die Einstellung gegenüber der Werbung direkt positiv auf die Einstellung gegenüber der Marke auswirkt. Der in zahlreichen Studien postulierte und empirisch bestätigte Einfluss gewinnt durch die vorliegende Studie weiter an Aussagekraft. Die geringe erklärte Varianz der Einstellung gegenüber der Marke (0,236) deutet darauf hin, dass die dem Konstrukt vorgelagerte Größe Einstellung gegenüber der Guerilla-Marketing-Aktion nicht ausreicht, um das Konstrukt hinreichend zu erklären und wietere, nicht im Untersuchungsmodell enthaltene Größen die Einstellung gegenüber der Marke in erheblichem Maße determinieren. Dies können beispielsweise die vorherige Einstellung gegenüber der Marke MINI oder Eigenschaften der Marke MINI sein.

Des Weiteren konnte der postulierte direkte positive Einfluss der Einstellung gegenüber der Marke auf die Kaufabsicht bestätigt werden. Das Ergebnis untermauert den Wert einer positiven Einstellung gegenüber der beworbenen Marke auf die Absicht der Konsumenten, die Marke zu kaufen und kann als Beleg für die Theorie des geplanten Verhaltens angesehen werden.

Der direkte Zusammenhang zwischen der Einstellung gegenüber der Werbung (hier Guerilla-Marketing-Aktion) und der Absicht der potentiellen Konsumenten, die beworbene Marke zu kaufen, wird in der Literatur vielfältig diskutiert. Der angenommene direkte positive Zusammenhang kann nicht bestätigt werden. Den Ergebnissen zufolge, machen die Konsumenten ihre Kaufabsicht nicht von ihrer Einstellung gegenüber der Guerilla-Marketing-Aktion abhängig. Die Ergebnisse lassen jedoch erkennen, dass die Einstellung gegenüber der Guerilla-Marketing-Aktion indirekt über die moderierende Variable Einstellung gegenüber der Marke auf die Kaufabsicht wirkt.

Insgesamt suggerieren die Ergebnisse, dass Guerilla-Marketing-Aktionen einen wesentlichen Beitrag zur Steigerung der Kaufabsicht und der Word-of-Mouth-Absicht der Konsumenten leisten. Guerilla-Marketing-Aktionen sind aufmerksamkeitsstark, sprechen Emotionen an und führen zu einer intensiven Auseinandersetzung mit dem Stimulus. Die resultierende positive Einstellung gegenüber der Guerilla-Marketing-Aktion wirkt sich direkt positiv auf die Word-of-Mouth-Absicht und indirekt positiv, über die Einstellung gegenüber der Marke, auf die Kaufabsicht aus.

Modellvergleich: Stimmungslage

Die Ergebnisse der Hypothesenprüfung zeigen, dass die beiden antezedenten Konstrukte Innovationsgrad und Überzeugungskraft je nach Stimmungslage einen unterschiedlich starken

Einfluss auf die Kreativität der Guerilla-Marketing-Aktion ausüben. Während für die Überzeugungskraft unter gehobener Stimmung kein signifikanter Einfluss auf die Kreativität der Guerilla-Marketing-Aktion nachgewiesen werden kann, ist für diesen Zusammenhang unter gedrückter Stimmung keine Falsifizierung erforderlich. Mit einem Strukturparameter von 0,330 ist der Einfluss der Überzeugungskraft auf die Kreativität unter gedrückter Stimmung doppelt so stark wie unter gehobener Stimmung (0,162). Hieraus kann man folgern, dass die Konsumenten in gedrückter Stimmung Kreativität stärker an Merkmalen festmachen, die zum Verständnis der Aktion betragen. Ein weiterer stimmungsabhängiger Unterschied zeigt sich für den Zusammenhang zwischen dem Innovationsgrad und der Kreativität der Guerilla-Marketing-Aktion. Die Ergebnisse zeigen, dass die Kreativität der Guerilla-Marketing-Aktion unter gehobener Stimmung stärker vom Innovationsgrad determiniert wird als unter gedrückter Stimmung. Dies deutet darauf hin, dass die Konsumenten unter gehobener Stimmung Kreativität stärker anhand von Aufmerksamkeit erregenden Merkmalen, wie überraschend oder unerwartet, beurteilen. Auffallend ist, dass sich für das Konstrukt Kreativität der Guerilla-Marketing-Aktion je nach Stimmungslage nur minimale Unterschiede in den R^2-Werten zeigen (0,635 bei gehobener Stimmung im Vergleich zu 0,619 bei gedrückter Stimmung). Die Einflussstärken der vier antezedenten Größen Differenzierungspotential, Innovationsgrad, Überzeugungskraft und Nutzenstiftung in Abhängigkeit der Stimmungslage deuten darauf hin, dass der nur geringe Unterschied der erklärten Varianz aus der Kompensierung der einzelnen Effekte resultiert.

Des Weiteren zeigen die Ergebnisse, dass die drei theoretisch postulierten positiven Einflüsse der Kreativität der Guerilla-Marketing-Aktion auf die ausgelöste Überraschung und die beiden emotionalen Dimensionen Erregung und Vergnügen bei gehobener Stimmung erheblich stärker ausgeprägt sind. Dies deutet darauf hin, dass die Konsumenten bei gehobener Stimmung emotionaler auf eine als kreativ bewertete Guerilla-Marketing-Aktion reagieren. Das Ergebnis bestätigt die Arbeit von *Jaekel*, der zu der Erkenntnis kommt, dass positiv gestimmte Menschen bestrebt sind ihre momentane Befindlichkeit intensiv zu erleben und folglich ein höheres emotionale Involvement zeigen.

Die Prüfung der Gruppenunterschiede zeigt, dass sich die Stimmungslage signifikant auf den Zusammenhang zwischen der Kreativität der Guerilla-Marketing-Aktion und der durch die Aktion ausgelösten Erregung (t = 2,154) auswirkt. Der Zusammenhang bestätigt sich unter gehobener Stimmung mit einem Strukturparameter von 0,624 und einem erklärten Varianzanteil von 0,390 deutlich stärker, als unter gedrückter Stimmung. Hier liegt der Strukturparameter bei 0,411 und der erklärte Varianzanteil bei 0,170. Daraus kann man gefolgert werden, dass die durch die Guerilla-Marketing-Aktion ausgelöste Erregung der Konsumenten bei gehobener Stimmung stärker auf der Beurteilung der Kreativität der Aktion basiert. Bei gedrückter Stimmung spielen mehr nicht im Modell berücksichtigte Größen eine Rolle.

Je nach Stimmungslage unterscheidet sich zudem die Stärke des Zusammenhangs zwischen der Kreativität und der Einstellung gegenüber der Guerilla-Marketing-Aktion. Mit einem Strukturparameter von 0,582 trägt die Kreativität der Guerilla-Marketing-Aktion unter gedrückter Stimmung deutlich stärker zur Erklärung der Einstellung gegenüber der Guerilla-Marketing-Aktion bei, als unter gehobener Stimmung (hier liegt der Strukturparameter bei 0,425). Des Weiteren zeigt es sich, dass der Einfluss des durch die Guerilla-Marketing-Aktion ausgelösten Vergnügens auf die Einstellung gegenüber der Aktion mit einem Strukturparameter von 0,403 unter gehobener Stimmung fast doppelt so stark ist, wie unter gedrückter Stimmung (0,243). Die Ergebnisse deuten darauf hin, dass Konsumenten unter gedrückter Stimmung ihre Einstellung gegenüber der Aktion stärker auf Basis der Beurteilung der Kreativität und bei gehobener Stimmung stärker auf Basis des empfundenen Vergnügens bilden. Die Erkenntnis der Untersuchung steht somit im Einklang mit den Befunden von *Silberer* und *Jaekel*. Dem Autorengespann zufolge wirkt ein kommunikativer Stimulus bei gehobener Stimmung über den peripheren und bei gedrückter Stimmung primär über den zentralen Weg der Informationsverarbeitung auf Einstellungen.[464] Während positiv gestimmte Menschen stärker darauf achten *wie* etwas gesagt wird, setzen sich Menschen in gedrückter Stimmung intensiver mit der Qualität der Argumente auseinander. Für sie ist das *was* gesagt wird von größerer Bedeutung.

Zwischen der Einstellung gegenüber der Guerilla-Marketing-Aktion bei gehobener und gedrückter Stimmung ist ein Unterschied in den R^2-Werten (0,747 bzw. 0,669) zu erkennen. Unter gehobener Stimmung lässt sich die Einstellung gegenüber der Aktion besser aus den vorgelagerten Konstrukten erklären, als unter gedrückter Stimmung. Dies deutet darauf hin, dass im Falle gedrückter Stimmung mehr nicht im Modell berücksichtigte Größen die Einstellung gegenüber der Aktion determinieren. Menschen in gedrückter Stimmung denken stärker

[464] Vgl. Silberer/Jaekel (1996), S. 122f.

nach, um weniger intensiv fühlen zu müssen. Die Einstellungsbildung basiert primär auf kognitiven Vorgängen. So könnte eine nicht berücksichtigte Größe beispielsweise die Glaubwürdigkeit der Guerilla-Marketing-Aktion sein.

Die Prüfung der Gruppenunterschiede zeigt, dass sich die Stimmungslage signifikant auf den Zusammenhang zwischen der Einstellung gegenüber der Guerilla-Marketing-Aktion und der Word-of-Mouth-Absicht der Konsumenten (t = 2,620) auswirkt. Mit einem Strukturparameter von 0,709 und einem erklärten Varianzanteil von 0,502 bestätigt sich der Zusammenhang unter gehobener Stimmung deutlich stärker, als unter gedrückter Stimmung. Hier liegt der Strukturparameter bei 0,460 und der erklärte Varianzanteil bei 0,212. Die Ergebnisse suggerieren, dass positiv gestimmte Konsumenten die Word-of-Mouth-Absicht bewusster auf Basis der Einstellungen gegenüber der Guerilla-Marketing-Aktion bilden. *Silberer* und *Jaeckel* zufolge führen Beeinflussungsversuche bei gehobener Stimmung zu positiveren Einstellungen.[465] Nach der Theorie des geplanten Verhaltens von *Ajzen* und *Fishbein* steigert eine positive Einstellung gegenüber dem Verhalten die Verhaltenintention.[466] Übertragen in den Kontext der Arbeit wirkt sich eine positive Einstellung gegenüber der Guerilla-Marketing-Aktion dementsprechend positiv auf die Absicht der Konsumenten aus, Freunden und Bekannten von der Aktion zu berichten (Word-of-Mouth-Absicht).

Ein weiterer signifikanter Unterschied zeigt sich in der Stärke des Zusammenhangs zwischen der Einstellung gegenüber der Marke und der Kaufabsicht (t = 2,073). Auch hier bestätigt sich der Zusammenhang unter gehobener Stimmung mit einem Strukturparameter von 0,727 und einem erklärten Varianzanteil von 0,434 deutlich stärker, als unter gedrückter Stimmung (Strukturparameter: 0,466; erklärten Varianzanteil: 0,244). Die Ergebnisse deuten darauf hin, dass die Probanden die Kaufabsicht unter gehobener Stimmung bewusster auf der Unterlage der Einstellungen gegenüber der Marke bilden. Eine Vielzahl von Studien belegen den Einfluss der Stimmungslage auf die Einstellung gegenüber der Marke.[467] Nach *Gierl* überträgt sich eine gehobene Stimmung durch einen Affekt-Transfer-Prozess direkt positiv auf die Einstellung gegenüber der beworbenen Marke. Gemäß der Theorie des geplanten Verhaltens stei-

[465] Vgl. Silberer/Jaekel (1996), S. 125.
[466] Vgl. Ajzen/Fishbein (1975), S. 288ff.; sowie die Ausführungen in Abschnitt 3.1.4.
[467] Vgl. z.B. Petty et al. (1993), S. 9ff.

gert eine positive Einstellung gegenüber der Marke die Absicht der Konsumenten, die Marke zu kaufen.[468]

Modellvergleich: Geschlecht

Als zweite moderierende Variable wurde der Einfluss des Geschlechts der Probanden auf die Stärke der Konstruktzusammenhänge des in *Abschnitt 3.2* hergeleiteten Modells untersucht. Die Prüfung der Gruppenunterschiede zeigt, dass sich das Geschlecht signifikant auf den Zusammenhang zwischen der Überzeugungskraft und der Kreativität der Guerilla-Marketing-Aktion (t-Wert = 2,84) sowie auf die Beziehung zwischen der Nutzenstiftung und der Kreativität der Aktion (t-Wert = 2,19) auswirkt. Während der Einfluss der Überzeugungskraft auf die Kreativität der Guerilla-Marketing-Aktion mit einem Strukturparameter von 0,519 im Modell *Frauen* erheblich stärker als im Modell *Männer* (0,081) ist, wird die Kreativität der Guerilla-Marketing-Aktion im Modell *Männer* deutlich stärker durch die Nutzenstiftung der Aktion determiniert, als dies im Modell *Frauen* der Fall ist. Die Ergebnisse deuten darauf hin, dass Frauen Kreativität weitaus stärker auf Basis der Verständlichkeit der Aktion beurteilen. Männer achten hingegen stärker darauf, ob der Werbestimulus in der Lage ist einen Nutzen zu stiften.

Betrachtet man die berechneten t-Werte zeigt es sich, dass sich das Geschlecht ebenfalls signifikant auf den Zusammenhang zwischen der Einstellung gegenüber der Guerilla-Marketing-Aktion und der Word-of-Mouth-Absicht (t = 2,28) auswirkt. Mit einem Strukturparameter von 0,704 und einem erklärten Varianzanteil von 0,496 ist der Zusammenhang im Modell *Frauen* deutlich stärker. Im Modell *Männer* liegt der Strukturparameter bei 0,509 und der erklärte Varianzanteil bei 0,259. Das Ergebnis deutet darauf hin, dass Frauen ihre Absicht, Freunden und Bekannten von der Aktion zu berichten, bewusster auf Basis ihrer Einstellung gegenüber der Guerilla-Marketing-Aktion bilden. Männer machen ihre Word-of-Mouth-Absicht stärker von weiteren, nicht im Modell berücksichtigen Größen abhängig.

Darüber hinaus birgt der Gruppenvergleich zwei weitere interessante Ergebnisse. Betrachtet man die R^2-Werte der emotionalen Konstrukte Überraschung, Erregung und Vergnügen, lassen kaum geschlechtsspezifische Unterschiede erkennen. Und auch die entsprechenden Strukturparameter deuten darauf hin, dass die Einflussstärke der Kreativität der Guerilla-Mar-

[468] Vgl. Ajzen/Fishbein (1975), S. 288ff.; sowie die Ausführungen in Abschnitt 3.1.4.

keting-Aktion auf die drei emotionalen Konstrukte unabhängig vom Geschlecht der Probanden ist. Daraus kann man folgern, dass Frauen nicht emotionaler als Männer auf eine als kreativ bewertete Guerilla-Marketing-Aktion reagieren.

Des Weiteren zeigen die R^2-Werte des Konstrukts Einstellung gegenüber der Guerilla-Marketing-Aktion (0,752 bzw. 0,667), dass Frauen ihre Einstellung gegenüber der Aktion stärker auf Basis der Kreativität der Aktion sowie dem durch die Aktion aufgelösten Vergnügen bilden. Bei Männern spielen bei der Einstellungsbildung neben der Kreativität und den emotionalen Reaktionen mehr nicht im Modell beachtete Faktoren eine Rolle.

4.6 Implikationen für die Marketingpraxis und -forschung

Im Folgenden gilt es auf der Grundlage der identifizierten Wirkweise des Guerilla-Marketing Handlungsempfehlungen zur Steigerung der Kauf- und Word-of-Mouth-Absicht der Konsumenten abzuleiten. Hierfür bieten die Ergebnisse der empirischen Untersuchung konkrete Hinweise. Die Relevanz der Untersuchung für die Marketing-Praxis besteht vor allem in der Aufdeckung der entscheidenden Gestaltungsfaktoren von Guerilla-Marketing-Aktionen. Ein Anbieter kennt damit die Stellgrößen, mit denen er die Word-of-Mouth-Absicht wie auch die Kaufabsicht der Konsumenten gezielt beeinflussen kann.

Um bei der steigenden Informationsflut aufzufallen und die Aufmerksamkeit auf die eigenen Produkte bzw. Marken zu lenken, müssen die Werbebotschaften aktivierend verpackt werden. Folglich kommt der Gestaltung der Werbebotschaft eine zentrale Bedeutung zu. Guerilla-Marketing setzt auf Aktionen, die die Wahrnehmung vor eine unerwartete Aufgabe stellen und so gezielte Aufmerksamkeit durch Neuartigkeit und Anderssein hervorzurufen.

Die Ergebnisse der Studie zeigen die zentrale Bedeutung einer positiven Einstellung gegenüber der Guerilla-Marketing-Aktion zur Stimulierung der Word-of-Mouth-Absicht wie auch der Kaufabsicht der Konsumenten. So wirkt eine positive Einstellung gegenüber der Aktion direkt positiv auf die Absicht der Konsumenten, Freunden und Bekannten von der Aktion zu berichten, und indirekt positiv, über die Einstellung gegenüber der Marke, auf die Absicht, die beworbene Marke zu kaufen. Aus diesem bedeutenden Einfluss kann man schließen, dass das werbende Unternehmen der Gestaltung der Guerilla-Marketing-Aktion viel Aufmerksamkeit schenken sollte, um eine möglichst positive Reaktion auf den Werbestimulus zu generieren.

Als direkte Einflussgrößen der Einstellung gegenüber der Guerilla-Marketing-Aktion konnten im Rahmen der Untersuchung die Kreativität der Aktion sowie das durch die Aktion ausgelöste Vergnügen identifiziert werden. Um eine positive Einstellung gegenüber der Aktion aufzubauen empfiehlt es sich daher, die vorhandenen Ressourcen in die kreative Ausgestaltung der Aktion zu investieren. Als direkte Einflussgrößen der Beurteilung der Kreativität der Guerilla-Marketing-Aktion konnten in der Untersuchung das Differenzierungspotential, der Innovationsgrad, die Überzeugungskraft und die Nutzenstiftung der entsprechenden Aktion identifiziert werden. Sämtliche Größen sind durch das Unternehmen beeinflussbar. Das Ziel des Unternehmens sollte es daher sein, eine Aktion zu planen, die zum einen originell und innovativ, zum anderen aber auch verständlich ist und darüber hinaus einen Nutzen stiftet. Die größte Beachtung bei der Planung einer Guerilla-Marketing-Aktion sollte dem Innovationsgrad der Aktion geschenkt werden. Von dem Urteil der Konsumenten, wie innovativ, unerwartet und überraschend die Guerilla-Marketing-Aktion ist, ist die Einschätzung der Kreativität der Aktion am stärksten abhängig. Hier ist in besonderem Maße auf den Überraschungseffekt zu achten, da sich der Konsument bei der Beurteilung des Innovationsgrades vor allem darauf stützt, wie überraschend die Guerilla-Marketing-Aktion in seinen Augen ist. Überraschungseffekte können beispielsweise über das Werben an unerwarteten Orten oder auf ausgefallenen Werbeträgern, über von der Norm abweichende Botschaftsinhalte, über besonders große Elemente oder auch über überraschende Formen der Informationsübermittlung generiert werden.

Darüber hinaus zeigt die Studie jedoch auch, dass die Neuartigkeit und das Unerwartete nicht ausreichen. Vielmehr muss die Guerilla-Marketing-Aktion auch Sinn machen, um als kreativ beurteilt zu werden. Aus diesem Grund sollten die Unternehmen bei der Planung einer Guerilla-Marketing-Aktion auf eine verständliche Botschaftsvermittlung achten und die Zielgruppe und das Unternehmensimages nicht aus den Augen lassen. Passt die Guerilla-Marketing-Aktion nicht zur Zielgruppe oder zum Image des Unternehmens, ist die Wahrscheinlichkeit groß, dass die Aktion keine oder im schlimmsten Fall sogar eine negative Wirkung entfaltet.

Mit Blick auf die Ergebnisse der beiden durchgeführten Modellvergleiche lassen sich weitere, differenziertere Handlungsempfehlungen ableiten. Da der Einfluss der Einstellung gegenüber der Guerilla-Marketing-Aktion auf die Word-of-Mouth-Absicht wie auch auf die Kaufabsicht unter gehobener Stimmung deutlich stärker als unter gedrückter Stimmung ist, dürfte ein

Beeinflussungsversuch unter gehobener Stimmung mehr Erfolg haben. Dementsprechend sollte die Guerilla-Marketing-Aktion nach Möglichkeit in einem Umfeld durchgeführt werden, in dem anzunehmen ist, dass die Konsumenten positiv gestimmt sind (beispielsweise bei Freizeitbeschäftigungen wie Kino- oder Konzertbesuchen). Ist die Stimmung der Konsumenten beim Kontakt mit der Guerilla-Marketing-Aktion nur schwer abschätzbar, hat das werbende Unternehmen die Möglichkeit vor dem Beeinflussungsversuch zunächst eine positive Stimmung bei den Konsumenten zu generieren (beispielsweise über ansprechende Musik). Dabei ist jedoch im besonderen Maße darauf zu achten, dass der Überraschungseffekt der Aktion nicht verloren geht. Im Zweifelfall sollte auf eine Beeinflussung der Stimmung lieber verzichtet werden.

Des Weiteren zeigt die Studie, dass Unternehmen die mit der Guerilla-Marketing-Aktion auf die Steigerung der Word-of-Mouth-Absicht der Konsumenten zielen, eher Frauen als Männer ansprechen sollten. Frauen bilden ihre Absicht, Freunden und Bekannten von der Aktion zu berichten, bewusster auf Basis ihrer Einstellung gegenüber der Guerilla-Marketing-Aktion. Zielt die Guerilla-Marketing-Aktion primär auf die Ansprache von Frauen, sollte das Unternehmen bei der Planung der Guerilla-Marketing-Aktion auf eine besondere Verständlichkeit achten, da für Frauen neben dem Überraschungseffekt vor allem die Klarheit der Guerilla-Marketing-Aktion bei der Kreativitätsbeurteilung eine zentrale Rolle spielt. Darüber hinaus deuten die Ergebnisse der Untersuchung darauf hin, dass die Beurteilung der Kreativität einer Guerilla-Marketing-Aktion stimmungsabhängig ist. Folglich sollten die Unternehmen die Gestaltung der Guerilla-Marketing-Aktion nach Möglichkeit auf die zu erwartende Stimmungslage abstimmen. Dabei steigt die Bedeutung der Überzeugungskraft der Guerilla-Marketing-Aktion, je schlechter die Konsumenten gestimmt sind.

Abschließend bleibt anzumerken, dass es aufgrund des für eine hohe Wirksamkeit erforderlichen Innovationsgrades kein allgemeingültiges Patentrezept oder Vorgehensmuster für die Durchführung einer Guerilla-Marketing-Aktion geben kann. Vielmehr sind die Unternehmen zu einer soliden Analyse der Ausgangslage angehalten.

Neben den Handlungsempfehlungen für die Marketingpraxis, lassen sich aus den Erkenntnissen der Untersuchung zudem Implikationen für die Marketingforschung ableiten. Während das postulierte Hypothesengefüge auf der einen Seite einen wertvollen Beitrag zur Klärung der Varianz des zentralen Konstrukts Einstellung gegenüber der Guerilla-Marketing-Aktion sowie der resultierenden Größen Kaufabsicht und Word-of-Mouth-Absicht der Konsumenten leistet, deuten die Ergebnisse dennoch auf weitere Einflussgrößen hin, die nicht im Modell berücksichtigt sind. Um die Vorhersage der drei Konstrukte zu verbessern, ist es zu empfehlen weitere direkte Effekte anderer Konstrukte in das Modell aufzunehmen. Mit Hilfe der durch PLS ermittelten Korrelationsmatrix lassen sich Hinweise auf bislang nicht beachtete Abhängigkeitsstrukturen in den Daten identifizieren. Betrachtet man die Korrelationen der Variable Einstellung gegenüber der Guerilla-Marketing-Aktion mit den anderen Konstrukten des Modells, zeigt es sich, dass die Einstellung stark mit der Überzeugungskraft (0,788) und der Nutzenstiftung (0,734) der Guerilla-Marketing-Aktion korreliert. Da der Einfluss plausibel erscheint, scheint die Erweiterung des Modells um die beiden direkten Einflüsse Überzeugungskraft sowie Nutzenstiftung sinnvoll.

Im Rahmen der Untersuchung konnte die Stimmungslage als bedeutender Moderator des aufgestellten Modells identifiziert werden. Folglich sollten zukünftige Forschungsbemühungen im Rahmen der Guerilla-Marketing-Wirkungsforschung der Stimmungslage der Konsumenten verstärkt Aufmerksamkeit schenken, um weitere respektive differenzierte Handlungsempfehlungen ableiten zu können. Als weitere mögliche moderierende Größe könnte die Integration des Involvements der Rezipienten in das aufgestellte Untersuchungsmodell interessante Erkenntnisse liefern. Denkbar wäre ein Vergleich der Wirkung einer Guerilla-Marketing-Aktion für ein Low-Involvement-Produkt mit der Wirkung einer Guerilla-Marketing-Aktion für ein High-Involvement-Produkt.

Im Hinblick auf den nicht signifikanten Zusammenhang zwischen der durch die Kreativität der Guerilla-Marketing-Aktion ausgelösten Überraschung und der Einstellung gegenüber der Aktion und dem nur schwach signifikanten Einfluss der durch die Aktion ausgelösten Erregung auf die Einstellung gegenüber der Aktion sind weitere Untersuchungen erforderlich, die detailliertere Erkenntnisse über die Bedeutung der Emotionen in der Guerilla-Marketing-Wirkungsforschung liefern.

Betrachtet man die bisherigen Forschungsbemühungen im Rahmen des Guerilla-Marketing, so gingen diese kaum über rein theoretische Überlegungen hinaus. Dementsprechend besteht ein enormer empirischer Forschungsbedarf. Die vorliegende Untersuchung ist lediglich ein erster Schritt in Richtung einer Guerilla-Marketing-Wirkungsforschung. Um konkretere Handlungsempfehlungen ableiten zu können, wie eine Guerilla-Marketing-Aktion effektiv zur Steigerung der Kaufabsicht und Word-of-Mouth-Absicht beitragen kann, sind zahlreiche wietere Untersuchungen erforderlich. Zukünftige Forschungsansätze sollten an der Validierung des postulierten Hypothesengefüges, wie der Aufnahme weiterer Determinanten der Einstellung gegenüber der Guerilla-Marketing-Aktion, der Kaufabsicht und der Word-of-Mouth-Absicht, der Überprüfung des Untersuchungsmodells in anderen Wirtschaftszweigen oder der Übertragung des Modells auf den Business-to-Business-Bereich, ansetzten.

5 Schlussbetrachtung und Ausblick

Vor dem Hintergrund austauschbarer Produkte und überreizter Konsumenten wird der Wettbewerb um das knappe Gut Aufmerksamkeit zunehmend schärfer. Da nur diejenigen Werbebotschaften die Aufmerksamkeit generieren, die Chance haben eine Wirkung zu entfalten, kommt der Gestaltung der Werbebotschaften heutzutage eine zentrale Bedeutung zu. Um die Wahrnehmungsbarrieren zu überwinden und gezielt auf die Produkte bzw. Marken des Unternehmens aufmerksam zu machen, setzt Guerilla-Marketing auf unkonventionelle, innovative sowie überraschende Aktionen.

Die Motivation zur Verfassung der vorliegenden Arbeit bildet die Erkenntnis, dass das Guerilla-Marketing-Konzept bislang nur wenig theoretisch und gar nicht empirisch durchdrungen wurde und darüber nur sehr zurückhaltend in der Praxis umgesetzt wird. Dementsprechend ist ein großer Bedarf an Erkenntnissen zu verzeichnen, die feststellen, wie Guerilla-Marketing wirkt und welche Stellhebel von den Unternehmen zu betätigen sind, um Guerilla-Marketing erfolgreich einzusetzen. Das Ziel der Studie bestand in der Evaluation eines Modells anhand dessen die Wirkung von Guerilla-Marketing-Aktionen auf die Kaufabsicht und die Word-of-Mouth-Absicht der Konsumenten untersucht werden kann. Zur Identifikation geeigneter Wirkgrößen wurden Erkenntnisse aus der Einstellungs-, der Emotions- und der Kreativitätsforschung herangezogen.

Die Ergebnisse der Studie zeigen die zentrale Bedeutung einer positiven Einstellung gegenüber der Guerilla-Marketing-Aktion zur Stimulierung der Word-of-Mouth-Absicht wie auch der Kaufabsicht der Konsumenten. So wirkt die Einstellung gegenüber der Guerilla-Marketing-Aktion direkt positiv auf die Absicht der Konsumenten, Freunden und Bekannten von der Aktion zu berichten, und indirekt positiv, über die Einstellung gegenüber der Marke, auf die Absicht, die beworbene Marke zu kaufen. Zur Generierung einer möglichst positiven Einstellung gegenüber der Guerilla-Marketing-Aktion kommt der Kreativität der Aktion sowie dem durch die Aktion ausgelösten Vergnügen eine zentrale Bedeutung zu, wobei der kognitive Gestaltungsfaktor *Kreativität*, was die Wirkung auf die Einstellung gegenüber der Guerilla-Marketing-Aktion angeht, der emotionalen Reaktion *Vergnügen* deutlich überlegen ist. So verlaufen die beiden dominanten Wirkungspfade entlang den Komponenten Kreativität der Guerilla-Marketing-Aktion – Einstellung gegenüber der Guerilla-Marketing-Aktion – Einstellung gegenüber der Marke – Kaufabsicht bzw. Kreativität der Guerilla-Marketing-Aktion – Einstellung gegenüber der Guerilla-Marketing-Aktion – Word-of-Mouth-Absicht. Darüber hinaus wurde das aufgestellte Modell im Rahmen zweier Gruppenvergleiche auf Unterschiede hinsichtlich der moderierenden Variablen Stimmungslage und Geschlecht untersucht, wobei die Stimmungslage als bedeutender Moderator des aufgestellten Modells identifiziert werden konnte.

Basierend auf den Ergebnissen der Studie wurden schließlich Handlungsempfehlungen für die Planung einer Guerilla-Marketing-Aktion abgeleitet. Zentraler Ansatzpunkt einer wirkungsvollen Guerilla-Marketing-Aktion ist eine möglichst kreative Ausgestaltung der Aktion, wobei hier speziell dem durch die Aktion generierten Überraschungseffekt eine wesentliche Bedeutung zukommt. Zudem können die Unternehmen den Beeinflussungserfolg der Guerilla-Marketing-Aktion steigern, wenn die Aktion auf positiv gestimmte Konsumenten trifft.

Literaturverzeichnis

Ajzen, I. (1985): From Intentions to Actions: A Theory of Planned Behavior, in: Kuhl, J.; Beckmann, J. (Hrsg.): Action Control: Form Cognition to Behavior, Berlin et al., S. 11-39.

Ajzen, I. (1991): The Theory of Planned Behavior, in: Organizational Behavior and Human Decision Processes, Vol. 50, S. 179-211.

Ajzen, I. (1993): Attitude Theory and Attitude-Behavior Relation, in: Krebs, D.; Schmidt, P. (Hrsg.): New Directions in Attitude Measurement, Berlin/New York, S. 41-57.

Ajzen, I.; Fishbein, M. (1975): Beliefs, Attitude, Intention, and Behavior – An Introduction to Theory and Research, Reading.

Ajzen, I.; Madden, T. (1986): Prediction of Goal Directed Behavior – Attitudes, Intentions, and Perceived Behavioural Control, in: Journal of Experimental Social Psychology, Vol. 22, No. 5, S. 453-474.

Alden, D.; Mukherjee, A.; Hoyer, W. (2000): The Effect of Incongruity, Surprise and Positive Moderators on Perceived Humor in Television Advertising, in: Journal of Advertising, Vol. 29, No. 2, S. 1-15.

Altsech, M. (1996): The Assessment of Creativity in Advertising and the Effectiveness of Creative Advertisements, (Dissertation), Pennsylvania State University.

Ang, S.; Low, S. (2000): Exploring the Dimensions of Ad Creativity, in: Psychology & Marketing, Vol. 17, No. 10, S. 835-854.

Arnett, D.; Laverie, D.; Meiers, A. (2003): Developing Parsimonious Retailer Equity Indexes Using Partial Least Squares Analysis – A Model and Applications, in: Journal of Retailing, Vol. 79, No. 3, S. 161-170.

Auer, M.; Diederichs, F. (1993): Werbung Below the Line – Product Placement, TV-Sponsoring, Licensing, Landsberg am Lech.

Backhaus, K.; Erichson, B.; Plinke, W.; Weiber, R. (2003): Multivariate Analysemethoden – Eine anwendungsorientierte Einführung, 10. Auflage, Berlin et al.

Bagozzi, R. (1994): Structural Equation Models in Marketing Research – Basic Principals, in: Bagozzi, R. (Hrsg.): Principals of Marketing Research, Cambridge, S. 317-385.

Balderjahn, I.; Scholderer, J. (2007): Konsumentenverhalten und Marketing – Grundlagen für Strategien und Maßnahmen, Stuttgart.

Batra, R. (1986): Affective Advertising – Role, Processes and Measurement, in: Preston, R.; Hoyer, W.; Wilson, W. (Hrsg.): The Role of Affect in Consumer Behavior, Lexington, S. 53-85.

Batra, R.; Ray, M. (1986): Affective Responses Mediating Acceptance of Advertising, in: The Journal of Consumer Research, Vol. 13, No. 2, S. 234-249.

Batra, R.; Myers, J.; Aaker, D. (1996): Advertising Management, 5. Auflage, Upper Saddle River.

Bauer, H.; Sauer, N.; Hendel, M. (2004): Die Einstellungs-Verhaltens-Relation: Eine verhaltenswissenschaftliche Untersuchung am Beispiel von ökologischen Lebensmitteln, in: Wiedmann, K.-P. (Hrsg.): Fundierung des Marketing – Verhaltenswissenschaftliche Erkenntnisse als Grundlage einer angewandten Marketingforschung, Wiesbaden, S. 295-316.

Becker, J. (2006): Kreativität in der Werbung, Marburg.

Berlyne, D. (1971): Aesthetics and Psychobiology, East Norwalk.

Berlyne, D. (1974): Konflikt, Erregung, Neugier – Zur Psychologie der kognitiven Motivation, Stuttgart.

Binsack, M. (2003): Akzeptanz neuer Produkte – Vorwissen als Determinante des Innovationserfolgs, Wiesbaden.

Bless, H. (1989): Stimmung und Persuasion – Experimentelle Untersuchungen im Rahmen des Elaboration Likelihood Model, Dissertation, Heidelberg.

Bohner, G. (1990): Einflüsse der Stimmung auf die kognitive Verarbeitung persuasiver Botschaften und auf nachfolgendes Verhalten, Dissertation, Karlsruhe.

Bollen, K.; Lennox, R. (1991): Conventional Wisdom on Measurement – A Structural Equation Perspective, in Psychological Bulletin, Vol. 10, No. 2, S. 305-314.

Bongard, J. (2002): Werbewirkungsforschung: Grundlagen – Probleme – Ansätze, Münster.

Braunstein, C. (2001): Einstellungsforschung und Kundenbindung – Zur Erklärung des Treueverhaltens der Konsumenten, Wiesbaden.

Braunstein, C.; Huber, F.; Herrmann, A. (2005): Ein Ansatz zur Erklärung der Kundenbindung auf Basis der Theorie des geplanten Verhaltens, in: Zeitschrift für betriebswirtschaftliche Forschung, Jg. 57, S. 187-213

Bräutigam, S. (2004): Management von Markenarchitekturen – Ein verhaltenswissenschaftliches Modell zur Analyse und Gestaltung von Markenportfolios, Dissertation, Gießen.

Breckler, S. (1993): Emotion and Attitude Change, in: Lewis, M.; Haviland, J. (Hrsg.): Handbook of Emotions, New York, S. 461-473.

Bronner, R.; Appel, W.; Wiemann, V. (1999): Empirische Personal- und Organisationsforschung, München.

Brown, S.; Stayman, D. (1992): Antecedents and Consequences of Attitude Toward the Ad: A Meta-Analysis, in: Journal of Consumer Research, Vol. 19, No. 1, S. 34-51.

Bruhn, M. (1995): Die Rolle der Nicht-Klassiker in der integrierten Unternehmenskommunikation, in: Tomczek, T.; Müller, F.; Müller, R. (Hrsg.): Die Nicht-Klassiker der Unternehmenskommunikation, St. Gallen, S. 28-48.

Bruhn, M. (2001): Marketing, 5. Aufllage, Wiesbaden.

Bruhn, M. (2007): Kommunikationspolitik, 4., überarbeitete Auflage, München.

Bruhn, M.; Ahlers, G. (2003): Ambush Marketing – „Angriff aus dem Hinterhalt“ oder intelligentes Marketing?, in: Jahrbuch der Absatz- und Verbrauchsforschung, Jg. 49, Heft 3, S. 271-294.

Burke, M.; Edell, J. (1989): The Impact of Feelings on Ad-based Affect and Cognition, in: Journal of Marketing Research, Vol. 26, No. 1, S. 69-83.

Cacioppo, J.; Petty, R. (1985): Central and Peripheral Routes to Persuasion – the Role of Message Repetition, in: Alwitt, L.; Mitchell, A. (Hrsg.): Psychology Process and Advertising Effects – Theory, Research, and Applications, Hillsdale, S. 91-111.

Carls, N. (2007): Guerilla-Marketing im Kulturbetrieb – Innovative Ansätze für die Kommunikation komplexer Produktionen, Saarbrücken.

Chin, W. (1998): The Partial Least Squares Approach to Structural Equation Modelling, in: Marcoulides, G. (Hrsg.): Modern Methods for Business Research, Mahwah, S. 295-336.

Chin, W.; Newsted, P. (1999): Structural Equation Modelling Analysis With Small Samples Using Partial Least Squares, in: Hoyle, R. (Hrsg.): Strategies for Small Sample Research, Thousand Oaks, S. 307-341.

Darley, W.; Smith, R. (1995): Gender Differences in Information Processing Strategies – An Empirical Test of the Selectivity Model in Advertising Response, in: Journal of Advertising, Vol. 24, No. 1, S. 41-56.

Dean, D. (2002): Associating the Corporation with a Charitable Event Through Sponsorship – Measuring the Effects on Corporate Community Relations, in: Journal of Advertising, Vol. 31, No. 4, S. 77-87.

Debraix, C. (1995): The Impact of Affective Reactions on Attitudes Toward the Advertisement and the Brand – A Step Toward Ecological Validity, in: Journal of Marketing Research, Vol. 32, No. 4, S. 470-479.

Desai, K.; Gencturk, E. (1995): Schema Incongruity – A Multidimensional Perspective Involving Advertising Schema, Self-Schema, and Product Schema, in: Advances in Consumer Research, Vol. 22, No. 1, S. 390.

Diamantopoulos, A. (1999): Export Performance Measurement – Reflective versus Formative Indicators, in: International Marketing Review, Vol. 16, No. 6, S. 444-457.

Diehl, U. (1985): Mehr Innovation für die Markenartikelwerbung, in: Markenartikel, Jg. 7, Heft 12, S. 616-620.

Dye, R. (2000): The Buzz on Buzz, in: Harvard Business Review Boston, Vol. 78, No. 6, S. 139-146.

Eagly, A.; Chaiken, S. (1993): The Psychology of Attitudes, Fort Worth.

Eberl, M. (2004): Formative und reflektive Indikatoren im Forschungsprozess – Entscheidungsregeln und die Dominanz des reflektiven Modells, in: Schriften zur Empirischen Forschung und Quantitativen Unternehmensplanung, Heft 20, München.

Edell, J. (1988): Nonverbal Effects in Ads – A Review and Synthesis, in Hecker, S.; Stewart, D. (Hrsg.): Nonverbal Communication in Advertising, Lexington, S. 11-27.

Edell, J.; Burke, M. (1987): The Power of Feelings in Understanding Advertising Effects, in: Journal of Consumer Research, Vol. 14, No. 3, S. 421-433.

Eggert, A; Fassott, G. (2003): Zur Verwendung formativer und reflektiver Indikatoren in Strukturmodellen, Kaiserslautern.

Ehlert, H.; Neumann, V. (2006): Innovative Sonderwerbeformen – Der „Aha/Wow-Effekt" wirkt, in: Markenartikel, 7/2006, S. 70-71.

Enders, S. (2003): Leimlose Ästhetik, in: Absatzwirtschaft – Zeitschrift für Marketing, Heft 5, S. 100.

Erbeldinger, H.; Kochhan, C. (1998): Humor in der Werbung – Chancen und Risiken, in: Jäckel, M. (Eds.): Die umworbene Gesellschaft – Analysen zur Entwicklung der Werbekommunikation, Opladen/Wiesbaden, S. 141-177.

Erdtmann, S. (1989): Sponsoring und emotionale Erlebniswerte – Wirkungen auf den Konsumenten, Wiesbaden.

Esch, F.; Herrmann, A.; Sattler, H. (2006): Marketing – Eine managementorientierte Einführung, München.

Fahrmeir, L.; Künstler, R./Pigeot, I.; Tutz, G. (2001): Statistik – Der Weg zur Datenanalyse, 3. Auflage, Berlin.

Felser, G. (2007): Werbe- und Konsumentenpsychologie, 3. Auflage, Heidelberg.

Fill, C. (2001): Marketing-Kommunikation – Konzepte und Strategien, 2. Auflage, München.

Finke, R. (1990): Creative Imagery – Discoveries and Inventions in Visualization, Hillsdale.

Fiske, S. (1982): Schema-Triggered Affect: Applications to Social Perception, in: Clark, M.; Fiske, S. (Hrsg.): Affect and Cognition – The Seventeenth Annual Carnegie Symposium on Cognition, Hillsdale, S. 55-78.

Fiske, S.; Pavelchak, M. (1986): Category-based versus Piecemeal-based Affective Responses – Developments in Schema-Triggered Affect, in: Surrentino, R.; Higgins, E. (Hrsg.): Handbook of Motivation and Cognition, New York, S. 167-203.

Fornell, C. (1989): The Blending of Theoretical and Empirical Knowledge in Structural Equations with Observables, in: Wold, H. (Hrsg.): Theoretical Empricism, New York, S. 153-174.

Fornell, C.; Cha, J. (1994): Partial Least Squares, in: Bagozzi, R. (Hrsg.): Advanced Methods of Marketing Research, Cambridge, S. 52-78.

Fornell, C.; Larcker, D. (1981): Evaluating Structural Equation Models with Unobservable Variables and Measurement Error, in: Journal of Marketing Research, Vol. 18, No. 1, S. 39-50.

Förster, A.; Kreuz, P. (2006): Marketing-Trends – Innovative Konzepte für Ihren Markterfolg, 2. überarbeitete Auflage, Wiesbaden.

Foscht, T.; Swoboda, B. (2007): Käuferverhalten, 3. Auflage, Wiesbaden.

Frey, D.; Stahlberg, D.; Gollwitzer, P. (1993): Einstellung und Verhalten – Die Theorie des überlegten Handelns und die Theorie des geplanten Verhaltens, in: Frey, D.; Irle, M. (Hrsg.): Theorien der Sozialpsychologie, Band 1 – Kognitive Theorien, 2., vollständig überarbeitete und erweiterte Auflage, Bern et al., S. 361-398.

Friedrichs, J. (1990): Methoden der empirischen Sozialforschung, 14. Auflage, Opladen.

Fritz, W. (1995): Marketing-Management und Unternehmenserfolg, 2. Auflage, Stuttgart.

Garber, T. (2002): Offensives Marketing – Strategie der spitzen Pfeile, in: Absatzwirtschaft Sonderausgabe 2002, S. 80-85.

Gardner, M. (1985): Does Attitude Toward the Ad Affect Brand Attitude Under a Brand Evaluation Set?, in: Journal of Marketing Research, Vol. 22, No. 2, S. 192-198.

Gefen, D.; Straub, D.; Boudreau, M. (2000): Structural Equation Models and Regression: Guidelines for Research Practice, in: Communications of the Association for the Information Systems, Vol. 4, Article 7, S. 1-79.

Gierl, H. (2002): Stimmung und Werbewirkung, in: Marketing ZFP, Jg. 24, 3, S. 163-179.

Gierl, H.; Reich, S.; Blasczyk, A. (2006): Die Werbewirkung von Schemainkongruenz und interner Inkongruenz im Fall des Einmalkontakts, in: der markt, Jg. 45, Nr. 178, S. 128-156.

Goodman, G. (1980): Picture Memory: How the Action Schema Affects Retention, in: Cognitive Psychology, Vol. 12, No. 4, S. 473-495.

Goodstein, R. (1993): Category-based Applications and Extensions in Advertising: Motivating more Extensive Ad Processing, in: Journal of Consumer Research, Vol. 20, No. 1, S. 87-99.

Gorn, G. (1982): The Effects of Music in Advertising on Choice Behavior – A Classical Conditioning Approach, in: Journal of Marketing, Vol. 46, No. 1, S. 94-101.

Guervara, C. (1990): Guerillakampf und Befreiungsbewegung, Band 1, Bonn.

Gujarati, D. (2003): Basic Econometrics, 4. Auflage, Burr Ridge.

GWA (Hrsg.) (1997): So wirkt Werbung im Marketing-Mix, Frankfurt.

Hahn, C. (2002): Segmentspezifische Kundenzufriedenheitsanalyse, Wiesbaden.

Heath, T.; Gaeth, G. (1994): Theory and Method in the Study of Ad and Brand Attitudes: Toward a Systematic Model, in: Clark, E.; Brock, T.; Stewart, D. (Hrsg.): Attention, Attitude, and Affect in Response to Advertising, Hillsdale, S. 125-148.

Heckler, S.; Childers, T. (1992): The Role of Expectancy and Relevancy in Memory for Verbal and Visual Information – What is Incongruency? in: Journal of Consumer Research, Vol. 18, No. 4, S. 475-491.

Herkner, W. (2001): Lehrbuch Sozialpsychologie, 2. Auflage, Bern.

Herr, P. (1995): Wither Fact, Artifact, and Attitude – Reflections on the Theory of Reasoned Action, in: Journal of Consumer Psychology, Vol. 4, No. 4, S. 371-380.

Herrmann, A.; Huber, F.; Kressmann, F. (2004): Partial Least Squares – Ein Leitfaden zur Spezifikation, Schätzung und Beurteilung varianzbasierter Strukturgleichungsmodelle, Arbeitspapier Lehrstuhl für BWL und Marketing I, Universität Mainz.

Hogg, M.; Garrow, J. (2003): Gender, Identity, and the Consumption of Advertising, in: Qualitive Market Research, Vol. 6, No. 3, S. 160-174.

Holbrook, M. (1978): Beyond Attitude Structure: Toward the Informational Determinants of Attitude, in: Journal of Marketing Research, Vol. 15, No. 11, S. 545-556.

Holbrook, M.; Batra, R. (1987): Assessing the Role of Emotions as Mediators of Consumer Responses to Advertising, in: Journal of Consumer Research, Vol. 14, No. 12, S. 404-420.

Homburg, C. (1992): Die Kausalanalyse – Eine Einführung, in: Wissenschaftliches Studium, Vol. 21, Heft 10, S. 499-508.

Homburg, C.; Giering, A. (1996): Konzeptualisierung und Operationalisierung komplexer Konstrukte – Ein Leitfaden für die Marketingforschung, in: Marketing ZFP, Jg. 18, S. 5-24.

Howard, J. (1977): Consumer Behavior – Applications of Theory, New York.

Huber, F.; Vollhart, K.; Siegel, A. (2005): Das Weiterempfehlungsverhalten von Kunden verstehen – Eine empirische Untersuchung am Beispiel des Zeitungsmarkts, Wissenschaftliches Arbeitspapier Nr. F3, Center of Market Oriented Product and Production Management, Universität Mainz.

Huber, F.; Herrmann, A.; Kressmann, F.; Vollhardt, K. (2005): Zur Eignung von kovarianz- und varianzbasierten Verfahren zur Schätzung komplexer Strukturgleichungsmodelle, Wissenschaftliches Arbeitspapier Nr. F1, Center of Market-Oriented Product and Production Management, Universität Mainz.

Huber, F.; Herrmann, A.; Meyer, F.; Vogel, J.; Vollhardt, K. (2007): Kausalmodellierung mit Partial Least Squares – Eine anwendungsorientierte Einführung, Wiesbaden.

Hulland, J. (1999): Use of Partial Least Squares (PLS) in Strategic Management Research – A Review of Four Recent Studies, in: Strategic Management Journal, Vol. 20, No. 2, S.195-204.

Ittelson, W.; Proshansky, H. (1977): Einführung in die Umweltpsychologie, Stuttgart.

Izard, C. (1999): Die Emotionen des Menschen – Eine Einführung in die Grundlagen der Emotionspsychologie, 4., neu ausgestattete Auflage, Weinheim.

Jaeckel, M. (1997): Einflüsse der Stimmung auf Werbewirkung, Aachen.

Jäckel, M. (2007): Guerilla-Marketing – Grundlagen, Instrumente und Beispiele, in: Dress, N. (Hrsg.): Guerilla-Marketing, Erfurter Hefte zum angewandten Marketing, Heft 15, S. 3-12.

Jonas, K.; Doll, J. (1996): Eine kritische Bewertung der Theorie überlegten Handelns und der Theorie geplanten Verhaltens, in: Zeitschrift für Sozialpsychologie, 27, S. 18-31.

Kanbach, P. (2007): Ein Einblick in Guerilla-Marketing – Grundlagen, Theorie und Praxis, Saarbrücken.

Kimmel, A. (2005): Introduction: Marketing Communication in the New Millennium, in: Kimmel, A. (Hrsg.): Marketing Communication – New Approaches, Technologies and Styles, Oxford, S. 1-6.

Konert, F.-J. (1986): Vermittlung emotionaler Erlebniswerte, Heidelberg.

Kotler, P.; Biemel, F. (2001): Marketing-Management: Analyse, Planung, Verwirklichung, 10., überarbeitete und aktualisierte Auflage, Stuttgart.

Kotler, P.; Keller, K.; Biemel, F. (2007): Marketing-Management – Strategien für wertschaffendes Handeln, 12., aktualisierte Auflage, München et al.

Kroeber-Riel, W. (1984): Konsumentenverhalten, 3. Auflage, München.

Kroeber-Riel, W.; Weinberg, P. (2003): Konsumentenverhalten, 8., aktualisierte und ergänzte Auflage, München.

Krugman, H. (1965): The Impact of Television Advertising: Learning without Involvement, in: Public Opinion Quarterly, Vol. 29, No. 3, S. 349-356.

Kuttelwascher, F. (2006): Guerilla-Marketing – Mao für Kapitalisten, in: Absatzwirtschaft – Zeitschrift für Marketing, 7/2006, S. 30-34.

Lavidge, R.; Steiner, G. (1961): A Model for Predictive Measurements of Advertising Effectiveness, in: Journal of Marketing, Vol. 25, No. 6, S. 59-62.

Lavidge, R.; Steiner, G. (1969): A Model for Predictive Measurements of Advertising Effectiveness, in: Wheatley, J. (Hrsg.): Measuring Advertising Effectiveness, Homewood, S. 2-7.

Lee, Y. (2000): Manipulating Ad Message Involvement through Information Expectancy: Effect on Attitude Evaluation and Confidence, in: Journal of Advertising, Vol. 29, No. 2, S. 29-43.

Lee, Y.; Mason, C. (1999): Responses to Information Incongruency in Advertising: The Role of Expectancy, Relevancy, and Humor, in: Journal of Consumer Research, Vol. 26, No. 2, S. 156-169.

Leise, O. (2002): Werbung nervt, in: Absatzwirtschaft – Zeitschrift für Marketing, 12/2002, S. 84.

Levinson, J. (1984): Guerilla-Marketing – Secrets for Making Big Profits from Your Small Businesses, Boston.

Levinson, J. (2001): Guerilla Creativity – Make Your Message Irresistible with the Power of Memes, Boston/New York.

Lischka, J. (2006): Schockierende Werbung – Erfolg bei erlebnisorientierten Konsumenten, München.

Loef, J.; Verlegh, P. (2002): Cognitive and Affective Consequences of two Types of Incongruent Advertising, Working Paper, University Rotterdam.

Lutz, R. (1985): Affective and Cognitive Antecedents of Attitude Toward the Ad: A Conceptual Framework, in: Alwitt, L.; Mitchell, A. (Hrsg.): Psychological Processes and Advertising Effects – Theory, Research, and Applications, Hillsdale, S. 45-63.

Lutz, R.; MacKenzie, S.; Belch, G. (1983): Attitude Toward the Ad as a Mediator of Advertising Effectiveness: Determinants and Consequences, in: Advances in Consumer Research, Vol. 10, S. 532-539.

MacKenzie, S.; Lutz, R. (1989): An Empirical Examination of the Structural Antecedents of Attitude Toward the Ad in an Advertising Pretesting Context, in: Journal of Marketing, Vol. 53, No. 2, S. 48-65.

MacKenzie, S. B.; Lutz, R. J.; Blech, G. E. (1986): The Role of Attitude toward the Ad as a Mediator of Advertising Effectiveness – A Test of Competing Explanations, in: Journal of Marketing Research, Vol. 23, No. 2, S. 130-143.

Mandler, G. (1982): The Structure of Value – Accounting for Taste, in: Clark, M.; Fiske, S. (Hrsg.): Affect and Cognition – The Seventeenth Annual Carnegie Symposium on Cognition, Hillesdale, S. 1-36.

Manz, K. (2004): Guerilla-Marketing – Idee statt Budget, in: betrieb & management, Handwerk Magazin, 10/2004, S. 44-46.

Mayer, H. (1990): Werbewirkung und Kaufverhalten – Unter ökonomischen und psychologischen Aspekten, Stuttgart.

Mayer, H. (2000): Einführung in die Wahrnehmungs-, Lern- und Werbepsychologie, München.

Mayer, H.; Illmann, T. (2000): Markt- und Werbepsychologie, 3. überarbeitete und ergänzte Auflage, Stuttgart.

Mayer, H.; Reitmeier, A. (1981): Empfängerabhängige Bedingungen werblicher Kommunikation, in: Jahrbuch der Absatz- und Verbrauchsforschung, Jg. 27, Heft 3, S. 197- 239.

Mayer, H.; Däumer, U.; Rühle, H. (1982): Werbepsychologie, Stuttgart.

Meffert, H. (2000): Marketing – Grundlagen marktorientierter Unternehmensführung: Konzepte – Instrumente – Praxisbeispiele, 9. Auflage, Wiesbaden.

Mehrabian, A. (1980): Basic Dimensions for a General Psychological Theory, Cambridge.

Mehrabian, A.; Russel, J. (1974): An Approach to Environmental Psychology, Cambridge.

Merten, K. (1982): Wirkungen der Massenkommunikation – Ein theoretisch-methodischer Problemaufriss, in: Publizistik, Jg. 27, 1-2, S. 26-48.

Meyer, W.-U. (1988): Die Rolle der Überraschung im Attributionsprozess, in: Psychologische Rundschau, Vol. 39, S. 136-147.

Meyer, W.-U.; Niepel, M.; Schützwohl, A. (1994): Überraschung und Attribution, in: Försterling, F.; Stiensmeier-Pelster, J. (Hrsg.): Attributionstheorie – Grundlagen und Anwendungen, Göttingen, S. 105-121.

Meyer, W.-U.; Reisenzein, R.; Niepel, M. (2000): Überraschung, in: Otto, J.; Euler, H.; Mandl, H. (Hrsg.): Emotionspsychologie – Ein Handbuch, Weinheim, S. 253-263.

Meyer, W. U.; Reisenzein, R.; Schützwohl, A. (1997): Toward a Process Analysis of Emotions: The Case of Surprise, in: Motivation and Emotion, Vol. 21, No. 3, S. 251-274.

Meyer-Hentschel, G. (2001): Überdurchschnittlich kreativ, in: Absatzwirtschaft – Zeitschrift für Marketing, 02/2001, S. 92-93.

Meyers-Levy, J.; Maheswaran, D. (1991): Exploring Differences in Males' and Females' Processing Strategies, in: Journal of Consumer Research, Vol. 18, No. 1, S. 63-70.

Meyers-Levy, J.; Sternthal, B. (1991): Gender Differences in the Use of Message Cues and Judgments, in: Journal of Marketing Research, Vol. 28, No. 1, S. 84-96.

Mitchell, A. (1986): The Effect of Verbal and Visual Components of Advertisement on Brand Attitude and Attitude Toward the Advertisement, in: Journal of Consumer Research, Vol. 13, No. 6, S. 12-24.

Mitchell, A.; Olsen, J. (1981): Are Products Attribute Beliefs the Only Mediator of Advertising Effects on Brand Attitude?, in: Journal of Marketing Research, Vol. 18, No. 8, S. 318-332.

Moore, D.; Hutchinson, J (1983): The Effects of Ad Affect on Advertising Effectiveness, in: Advances in Consumer Research, Vol. 10, No. 1, S. 526-531.

Morris, J.; Woo, C.; Geason, J.; Kim, J. (2002): The Power of Affect: Predicting Intention, in: Journal of Advertising Research, Vol. 42, No. 3, S. 7-17.

Moser, K. (2002): Markt- und Werbepsychologie – Ein Lehrbuch, Göttingen et al.

Muehling, D. (1987): Comparative Advertising: The Influence of Attitude-Toward-the-Ad on Brand Evaluation, in: Journal of Advertising, Vol. 16, No. 4, S. 43-49.

Mühlbacher, H. (1982): Selektive Werbung, Linz.

Niepel, M.; Schützwohl, A.; Rudolph, U.; Meyer, W.-U. (1994): Temporal Characteristics of the Surprise Reaction induced by Schema-discrepant Visual and Auditory Events, in: Cognition and Emotion, Vol. 8, No. 5, S. 433-452.

Nieschlag, R.; Dichtl, E.; Hörschgen, H. (1971): Marketing – Ein entscheidungstheoretischer Ansatz, 4. neu bearbeitete und erweiterte Auflage der Einführung in die Lehre der Absatzwirtschaft, Berlin.

Nolte, K. (2005): Der Kampf um Aufmerksamkeit – Wie Medien, Wirtschaft und Politik um eine knappe Ressource ringen, Frankfurt am Main.

Nufer, G. (2007): Event-Marketing und -Management – Theorie und Praxis unter besonderer Berücksichtigung von Imagewirkungen, 3. aktualisierte und überarbeitete Auflage, Wiesbaden.

Nunnally, J.; Bernstein, I. (1994): Psychometric Theory, New York.

Ohlwein, M. (1999): Märkte für gebrachte Güter, Wiesbaden.

O'Keefe, D. J. (1990): Persuasion – Theory and Research, 3. Auflage, Newbury Park.

Olney, T.; Holbrook, M.; Batra, R. (1991): Consumer Responses to Advertising – The Effects of Ad Content, Emotions, and Attitude toward the Ad on Viewing Time, in: The Journal of Consumer Research, Vol. 17, No. 4, S. 440-453.

Patalas, T. (2006): Guerilla-Marketing – Ideen schlagen Budget, Berlin.

Pepels, W. (1995): Käuferverhalten und Marktforschung – Eine praxisorientierte Einführung, Stuttgart.

Peter, S. (1997): Kundenbindung als Marketingziel – Identifikation und Analyse zentraler Determinanten, Wiesbaden.

Peterson, R.; Sauber, M. (1983): A Mood Scale for Survey Research, in: Murphy, P.; Laczniak, G. (Hrsg): 1983 AMA Educators' Proceedings, Chicago, S. 409-414.

Petri, C. (1992): Entstehung und Entwicklung kreativer Werbeideen – Verbale und visuelle Assoziationen als Grundlage der Bildideenfindung für eine erlebnisbetonte Werbung, Heidelberg.

Petty, R.; Cacioppo, J. (1986): Communication and Persuasion – Central and Peripheral Routes to Attitude Change, New York.

Petty, R.; Unnava, R.; Strathman, A. (1991): Theories of Attitude Change, in: Robertson, T.; Kassarijan, H. (Hrsg.): Handbook of Consumer Behavior, Englewood Cliffs, S. 241-280.

Petty, R.; Schumann, D.; Richman, S.; Strathman, A. (1993): Positive Mood and Persuasion: Different Roles for Affect Under High- and Low-Elaboration Conditions, in: Journal of Personality and Social Psychology, Vol. 64, No. 1, S. 5-20.

Pradel, M.; Schulte, T. (2004): Guerilla-Marketing für Unternehmenstypen – Mit kleinem Etat und ausgefallenen Ideen zu großer Wirkung, Sternenfels.

Ray, M.; Batra, R. (1982): Emotion and Persuasion in Advertising – What We Do and Don't Know about Affect, Research Paper Nr. 661, Graduate School of Business, Standford University, online verfügbar: https://gsbapps.stanford.edu/researchpapers/library/RP661.pdf (Stand 28.03.2008).

Reinhard, B. (2007): Messung der Kommunikationseffizienz – Eine Untersuchung am Beispiel von Guerilla-Marketing-Maßnahmen, Saarbrücken.

Richins, M. (1997): Measuring Emotions in the Consumption Experience, in: Journal of Consumer Research, Vol. 24, No. 9, S. 127-145.

Ries, A.; Trout, J. (1986): Marketing Generalstabsmäßig, Hamburg et al.

Rogge, H.-J. (1990): Werbung, 2. Auflage, Ludwigshafen.

Rossiter, J. (2002): The C-OAR-SE Procedure for Scale Development in Marketing, in: International Journal of Research in Marketing, Vol. 19, No. 4, S. 305-335.

Scheffler, H.; Sladek, U. (2004): Test it! Für Kreative ein Graus, für Werbende ein Muss: Effizienz von Kreativität messen, in: Absatzwirtschaft Sonderheft 2004, S. 40-44.

Schenk, M. (1989): Perspektiven der Werbwirkungsforschung, In: Rundfunk und Fernsehen, Vol. 37, Heft 4, S. 447-457.

Schenk, M.; Donnerstag, J.; Höflich, J. (1990): Wirkungen der Werbekommunikation, Köln.

Schiel, S. (2006): Entwicklung einer Bilderskala zur Messung markenrelevanter Emotionen, in: Bosch, C.; Schiel, S.; Winder, T. (Hrsg.): Emotionen im Marketing – Verstehen, Messen, Nutzen, Wiesbaden, S. 157-320.

Schmidt, W. (1972): Kreativität und Organisationen in der Werbung – Eine Analyse des Wesens von Kreativität und der Problematik der Erzeugung kreativer Leistungen in Unternehmen, dargestellt am Beispiel der Werbung, München.

Schminke, L.; Koch, K.; Reimuth, C. (2007): Guerilla-Marketing – Außergewöhnliches Marketing für KMU, in: Marketingjournal, 5/2007, S. 36-39.

Schulte, T. (2007): Guerilla-Marketing für Unternehmenstypen – Das Kompendium, 3., völlig überarbeitete und erweiterte Auflage, Sternenfels.

Schulte, T.; Pradel, M. (2006): Guerilla-Marketing für Unternehmenstypen – Auf Abwegen zum Erfolg, 2., überarbeitete und erweiterte Auflage, Sternenfels.

Schützwohl, A.; Krefting, E. (2001): Die Struktur der Intensität von Überraschung, in: Zeitschrift für experimentelle Psychologie, Jg. 48, Heft 1, S. 41-56.

Schwarz, N. (1987): Stimmung als Information, Heidelberg.

Schweiger, G.; Schrattenecker, G. (2005): Werbung, 6. Auflage, Stuttgart.

Seel, N. (2003): Psychologie des Lernens, 2. Auflage, München.

Sharma, S.; Durand, R.; Gur-Arie, O. (1981): Identification and Analysis of Moderator Variables, in: Journal of Marketing Research, Vol. 18, No. 3, S. 291-300.

Shimp, T. (1981): Attitude toward the Ad as a Mediator of Consumer Brand Choice, in: Journal of Advertising, Vol. 10, No. 2, S. 9-15.

Silberer, G.; Jaekel, M. (1996): Marketingfaktor Stimmungen – Grundlagen, Aktionsinstrumente, Fallbeispiele, Stuttgart.

Silk, A.; Vavra, T. (1974): The Influence of Advertising's Affective Qualities on Consumer Response, in: Hughes, D.; Ray, M. (Hrsg.): Buyer/Consumer Information Processing, Chapel Hill, S. 157-186.

Six, B. (1983): Effektivität der Werbung, in: Irle, M. (Hrsg.): Marktpsychologie – Enzyklopädie der Psychologie, D, III, 4, Göttingen, S. 340-395.

Stahlberg, D.; Frey, D. (1996): Einstellung – Struktur, Messung und Funktion, in: Stroebe, W.; Hewstone, M.; Stephenson, G. (Hrsg.): Sozialpsychologie – Eine Einführung, 3., erweiterte und überarbeite Auflage, Berlin et al., S. 219-252.

Steffenhagen, H. (1984a): Ansätze der Werbewirkungsforschung, in: Marketing ZFP, Jg. 6, Heft 2, S. 77-88.

Steffenhagen, H. (1984b): Kommunikationswirkung – Kriterien und Zusammenhänge, Hamburg.

Steffenhagen, H. (1996): Wirkungen der Werbung, Aachen.

Stephens, D.; Russo, J. (1987): Predicting Post-Advertising Attitudes, Working Paper, University of Maryland.

Süllwold, F. (1969): Theorie und Methodik der Einstellungsmessung, in: Graumann, C. F. (Hrsg.): Handbuch der Psychologie, Band 7 (1), Sozialpsychologie, Göttingen, S. 475-508.

Sundaram, D.; Mitra, K.; Webster, C. (1998): Word-of-Mouth Communications – A Motivational Analysis, in: Advances in Consumer Research, Vol. 25, No. 1, S. 527-531.

Taylor, C.; Wilson, R.; Miracle, G. (1994): The Impact of Brand Differentiating Messages on the Effectiveness of Korean Advertising, in: Journal of International Marketing, Vol. 2, No. 4, S. 31-52.

Thyri, H. (2003): Relevante Emotionen im Marketing – Beschreibung, Messung, Analyse, Wien.

Toedter, C. (2006): Guerilla-Marketing, Köln.

Tomczek, T.; Müller, F.; Müller, R. (1995): Nicht-Klassiker der Kommunikation – Erfolgsfaktoren im Erklärungswettbewerb, in: Tomczek, T.; Müller, F.; Müller, R. (Hrsg.): Nicht-Klassiker der Unternehmenskommunikation, St. Gallen, S. 12-20.

Triandis, H. (1975): Einstellungen und Einstellungsänderungen, Weinheim et al.

Trommsdorf, V. (2004): Konsumentenverhalten, 6., vollständig überarbeitete und erweiterte Auflage, Stuttgart.

Trommsdorff, V.; Becker, J. (2001): Werbekreativität und Werbeeffektivität - Eine empirische Untersuchung, Berlin, online verfügbar: http://www.marketing-trommsdorff.de/ forschung/ werbekreativitaet_tu_berlin.pdf (Stand: 25.03.2008).

Tversky, B.; Hemenway, K. (1984): Objects, Parts, and Categories, in: Journal of Experimental Psychology: General, Vol. 113, No. 2, S. 169-193.

Vakratsas, D.; Ambler, T. (1999): How Advertising Works: What Do We Really Know?, in: Journal of Marketing, Vol. 63, No. 1, S. 26-43.

Vogt, K. (2004): Emotional Publishing – Erfolgreiche Unternehmendkommunikation mit Gefühl, Hamburg.

Von Rosenstiel, L. (1973): Psychologie der Werbung, Rosenheim.

Waldner, A.; Widmaier, U. (1996): Wie wirkt Werbung? – Stufenmodelle und Erkenntnisse der Neurologie, in: Brockes, H.-W. (Hrsg): Leitfaden Sponsoring und Event-Marketing, Düsseldorf, S. 1-10.

Wehleit, K. (2004): Leitfaden Ambient Media – Grundlagen, Fallstudien und Tipps für erfolgreiches Szenemarketing in jungen Zielgruppen, Göttingen.

Welling, M. (2005): Guerilla-Marketing in der Marktkommunikation – Eine Systematisierung und kritische Analyse mit Anwendungsbeispielen, Bielefeld.

Werle, K. (2001): Von der Guerilla lernen heisst werben lernen, in: Berliner Zeitung vom 31.10.2001, S. 15.

White, G. (1972): Creativity: The X Factor in Advertising Theory, in: Journal of Advertising, Vol. 1, No. 1, S. 28-32.

Wibbelt, L. (2007): Zahlen, Daten und Fakten zum Werbejahr 2006 – Werbeinvestitionen der Branchen – Werbeumsätze der Medien, in: Schalk, W.; Thoma, H.; Strahlendorf, P. (Hrsg.): Jahrbuch der Werbung 2007 – Für den deutschsprachigen Raum, Berlin, S. 63-77.

Wiles, J.; Cornwell, T. (1990): A Review of Methods Utilized in Measuring Affect, Feelings, and Emotion in Advertising, in: Current Issues and Research in Advertising, Vol. 13, No. 2, S. 241-275.

Wolin, L./Korgaonkar, P. (2003): Web Advertising – Gender Differences in Beliefs, Attitudes and Behavior, in: Internet Research, Vol. 13, No. 5, S. 375-385.

Woll, E. (1997): Erlebniswelten und Stimmungen in der Anzeigenwerbung – Analyse emotionaler Werbebotschaften, Wiesbaden.

Zerr, K. (2001): Online-Marktforschung - Erscheinungsformen und Nutzenpotentiale, in: Theobald, A.; Dreyer, M.; Starsetzki, T. (Hrsg.): Online-Marktforschung – Theoretische Grundlagen und praktische Erfahrungen, Wiesbaden, S. 7-26.

Zerr, K. (2005): Guerilla-Marketing in der Kommunikation – Kennzeichen, Mechanismen und Gefahren, in: Gaiser, B.; Linxweller, R.; Brucker, V. (Hrsg.): Praxisorientierte Markenführung – Neue Strategien, innovative Instrumente und aktuelle Fallstudien, Wiesbaden, S. 464-472.